Uwe Hartmann
Der gute Soldat
Politische Kultur und
soldatisches Selbstverständnis heute

Standpunkte und Orientierungen: Band 11
Herausgegeben von Uwe Hartmann

Der gute Soldat

Politische Kultur und soldatisches Selbstverständnis heute

Uwe Hartmann

2018

Carola Hartmann Miles-Verlag

Bibliografische Information der Deutschen Nationalbibliothek
Die Deutsche Nationalbibliothek verzeichnet diese Publikation in der Deutschen Nationalbibliografie; detaillierte bibliografische Daten sind im Internet über www.dnb.de abrufbar.

© 2018 Carola Hartmann Miles-Verlag
www.miles-verlag.jimdo.com
email: miles-verlag@t-online.de

Herstellung: Books on Demand, Norderstedt

Alle Rechte, insbesondere das Recht der Vervielfältigung und Verbreitung sowie der Übersetzung, vorbehalten. Kein Teil des Werkes darf in irgendeiner Form (durch Fotokopie, Mikrofilm oder ein anderes Verfahren) ohne schriftliche Genehmigung des Verlages reproduziert oder unter Verwendung elektronischer Systeme gespeichert, verarbeitet, vervielfältigt oder verbreitet werden.

Printed in Germany

ISBN 978-3-945861-71-4

Inhalt

I	**Einleitung**	7
II	**Der Krieg**	11
1.	Die Natur des Krieges und seine Erscheinungen	11
2.	Krieg als Fortsetzung der Politik mit anderen Mitteln	25
III	**Politik und Militär**	37
1.	Platon, Cicero, Machiavelli und Luther als Koordinatensystem	37
2.	Die Gedankenwelt der Inneren Führung	46
IV	**Der gute Soldat in der Praxis**	57
1.	Vorschriften und Erlasse	57
	ZDv 10/1 Innere Führung. Selbstverständnis und Führungskultur der Bundeswehr	57
	Der Traditionserlass: Traditionsverständnis und Traditionspflege in der Bundeswehr	71
	Die Vorschriften zur Truppenführung	105
2.	Meinungsumfragen	116
3.	Selbstzeugnisse	128
	Armee im Aufbruch – Gesprächsangebote von Soldaten	128
	Erlebnisberichte aus den Einsätzen – Innere Führung im Krieg	139

V Zusammenfassung   153

I Einleitung

General Wolfgang Schneiderhan berichtete einmal über Gespräche, die er mit Hinterbliebenen gefallener Soldaten zu Beginn der Trauerfeierlichkeiten geführt hatte. Die erste Frage der Väter und Mütter im Angesicht der Särge lautete oftmals: „War unser Sohn ein guter Soldat?" Dahinter steckt wohl weniger die Frage, ob er sein Leben für die richtige Sache eingesetzt, als vielmehr, wie er im Einsatz gehandelt hatte: War er ein guter Kamerad? Konnten sich seine Vorgesetzten auf ihn verlassen? War er tapfer, wenn es darauf ankam? Hat er sich an Recht und Gesetz gehalten?

Die Frage der Eltern verdeutlicht, dass der gute Soldat mehr ist als der handwerklich meisterlich ausgebildete, seine Waffen perfekt beherrschende Kämpfer. Was ist dieses Mehr, das den Soldaten auszeichnen soll?

In den Medien dagegen fragen Kritiker und Kommentatoren vor allem nach dem Sinn. Wofür ist der Soldat gefallen? Rechtfertigt das politische Ziel des militärischen Einsatzes seinen Tod? Wie lange soll das noch so weitergehen? Solche Sinnfragen stellen sich auch die Soldatinnen und Soldaten, oftmals schon viel früher als es in den öffentlichen Debatten geschieht. Was müssen sie tun, damit diese Fragen nicht über ihren Köpfen hinweg und immer erst nachträglich gestellt und dann vielleicht sogar moralisierend diskutiert werden? Welche Kommunikationskanäle stehen ihnen zur Verfügung? Welches Selbstverständnis und welche Tugenden benötigen sie dafür?

Um eine Antwort auf diese für die politische Kultur eines Landes und das Selbstverständnis von Soldaten so wichtigen Fragen zu finden, werfe ich einen Blick auf die Tugenden, die aus Carl von Clausewitz' Theorie des Krieges abgeleitet werden können. An dieser Stelle bitte ich den Leser, weiter zu lesen. Ich weiß, dass Clausewitz' Buch

„Vom Kriege" keine leichte Kost ist. Die langen Sätze schrecken ab und die auf den ersten Blick widersprüchlichen Aussagen verwirren. Dennoch sollte die außergewöhnlich hohe Anerkennung, die Clausewitz fast 200 Jahre nach seinem Tod weltweit erfährt, uns ermutigen, ihn zu lesen. Ich verspreche Ihnen, dass Sie dies mit Gewinn tun. Denn Clausewitz erklärt uns, was Krieg wirklich ist.

Sie alle kennen die Redewendung von den ‚zeitlosen soldatischen Tugenden'. Clausewitz' Analyse der Natur des Krieges bietet eine ausgezeichnete Grundlage für deren Verständnis und Akzeptanz. Allerdings betont der preußische General und Kriegsphilosoph auch, dass vom Soldaten mehr verlangt wird als Treue und Tapferkeit oder Disziplin und Durchhaltevermögen. Daher werde ich anschließend in die abendländische Geschichte hineinleuchten, um dieses Mehr zu sichten. Mein Suchscheinwerfer ist dabei geleitet durch Clausewitz' Kernaussage, dass Krieg „… eine bloße Fortsetzung der Politik mit anderen Mitteln…" ist.[1] Diese kurze Passage aus Clausewitz' Buch „Vom Kriege" gehört wohl mit zu den häufigsten Zitaten in der modernen Welt, was nicht ausschließt, dass sie missverständlich ist. Manche verstanden sie so, dass mit Kriegsbeginn das Militär das Kommando übernehmen müsse und die Politik bis zum Ende des Waffenganges bloßer Zaungast sei. Tatsächlich meint Clausewitz genau das Gegenteil. Die Politik ist und bleibt die „leitende Intelligenz"[2] des Krieges. Daher werde ich versuchen, die Tugenden des Soldaten aus dem Primat der Politik und der permanenten Präsenz des Politischen[3] zu begründen. Im

---

[1] Carl von Clausewitz, Vom Kriege, Bonn ¹⁹1991, S. 210.
[2] Clausewitz, Vom Kriege, S. 210.
[3] Klaus Naumann, Auch heilige Kühe müssen über den Zaun grasen. Die Einheit des militärischen Denkens und Handelns: Politik, Strategie und militärische Professionalisierung. In: Jahrbuch Innere Führung 2015. Neue Denkwege angesichts der Gleichzeitigkeit unterschiedlicher

Kern geht es dabei um die fundamentale, für Krieg und Frieden wesentliche Ausgestaltung der zivil-militärischen Beziehungen. Damit ist nicht nur die Frage gemeint, wer die Wächter überwacht bzw. das Militär kontrolliert. Es geht auch um den Umgang untereinander, der maßgeblich davon bestimmt ist, was Politik, Gesellschaft und Militär voneinander erwarten.

Die zivil-militärischen Beziehungen sind selbst in Demokratien durchaus spannungsgeladen. Während die Politik auch im Krieg jederzeit die Kontrolle über den gewaltsam ausgetragenen Konflikt behalten will und die Zivilgesellschaft nicht zum Opfer militärischer Gewalteskalation werden möchte, fordern Soldaten die Anerkennung und Wertschätzung der besonderen Lasten, die sie in ihrem Beruf tragen. Die daraus resultierenden Spannungen sind nicht aufhebbar, sie liegen sozusagen in der Natur des Dienstes, insbesondere in Kriegszeiten. Dennoch sollte der Bogen nicht überspannt werden. Weder von militärischer noch von politischer und gesellschaftlicher Seite. Das Ziel meiner kurzen Abhandlung ist es daher, einen kleinen Beitrag zur Versöhnung von politischer Kultur und soldatischem Selbstverständnis zu leisten. Ich glaube, dass dieser Beitrag angesichts der vielen außen- und innenpolitischen Herausforderungen wichtiger ist denn je.

Der Leser dürfte bereits gemerkt haben, dass mein Begründungsversuch des modernen soldatischen Selbstverständnisses weit über die als zeitlos titulierten Tugenden des Soldaten hinausgeht. Es gibt sie, aber sie reichen nicht aus, um als Soldat in der modernen Welt zu bestehen. Zudem ist ihr Verständnis stark von den politischen Systemen, der Wehrform, den dominanten Geistesströmungen und den Meinungen des Zeitgeistes abhängig. Leider

---

Krisen, Konflikte und Kriege, herausgegeben von Uwe Hartmann und Claus von Rosen, Berlin 2015, S. 124-141.

werden die ‚ewigen Soldatentugenden' auch dazu benutzt, um einen Keil zwischen Gesellschaft und Soldaten zu treiben und daraus politisch Kapital zu schlagen. Diese Erkenntnis sollte jedoch nicht ein schales Gefühl von Ohnmacht hinterlassen. Der Soldat hat Stimme und Wort, um sein Verständnis des guten Soldaten in die öffentliche Debatte einzubringen. Er kann selbst einen Beitrag leisten, um die politische Kultur und das soldatische Selbstverständnis zu versöhnen oder zumindest ein Auseinanderdriften zu vermeiden. Gerade die Teilnahme am öffentlichen Leben bietet ihm die Chance, die über die traditionellen Tugenden hinausgehenden Anforderungen für sich zu erschließen.

Danach werde ich einen Realitätscheck wagen. Ich frage, inwieweit meine aus der Politik abgeleiteten Tugenden in den Sollvorgaben der militärischen Führungsvorschriften sowie in den empirisch ermittelten Einstellungen der Soldatinnen und Soldaten der Bundeswehr anzutreffen sind. Zusätzlich habe ich die erfreulicherweise recht zahlreichen Veröffentlichungen der „Generation Einsatz" daraufhin gefragt, welche Tugenden deren Autoren selbst in den Vordergrund rücken, und ob das, was ich aus der Geschichte ableite, sich tatsächlich in den Erlebnisberichten widerspiegelt.

Im letzten Kapitel werde ich die wichtigsten Erkenntnisse meiner Abhandlung in Thesen zusammenfassen. Für mich ist das staatsbürgerliche Bewusstsein des Soldaten eine Brücke, die Politik, Gesellschaft und Militär verbindet. Es ist gleichzeitig ein Marktplatz für das Gespräch über soldatische Tugenden. Mein Ziel ist daher, das zunehmend in Frage gestellte und nicht nur an den Rändern verschwommene, sondern auch im Kern undeutlich gewordene Leitbild des 'Staatsbürgers in Uniform' neu zu begründen.

II Der Krieg

1. Die Natur des Krieges und seine Erscheinungen

Für unsere Fragestellung bilden Clausewitz' Aussagen über die unveränderliche Natur des Krieges einen guten Ausgangspunkt. Krieg, so Clausewitz, ist ein Akt der Gewalt. Jeder versucht, seinen Gegner niederzuringen. Damit verbunden sind Gefahren für das eigene Leben sowie hohe körperliche und psychische Anstrengungen.[4]

Aus dieser überaus prägnanten Definition des Krieges könnten wir die für Soldaten unverzichtbaren Tugenden mit Leichtigkeit ableiten. Dazu gehören Mut, Kühnheit, Entschlossenheit, Disziplin, Kameradschaft, Härte gegenüber sich selbst und Treue gegenüber Vorgesetzten. Damit hätten wir bereits die aus der Natur des Krieges und daher unvergänglichen soldatischen Tugenden begründet und könnten die Suche nach einer Antwort auf unsere Fragestellung nach dem guten Soldaten eigentlich einstellen.

Das dialektische, die Widersprüchlichkeit der Wirklichkeit einholende Denken von Clausewitz warnt jedoch vor einer gradlinigen und schnellen Beantwortung von für Krieg und Frieden wichtigen Fragen. In seinen Schriften finden sich zwei Argumente, die zum weiteren Nachdenken auffordern.

Zum einen schreibt der preußische General nicht nur über Anforderungen an den einzelnen Soldaten, sondern auch über die „kriegerische Tugend des (ganzen) Heeres"[5]. Für

---

[4] Clausewitz, Vom Kriege, S. 191ff., 256ff.
[5] Clausewitz, Vom Kriege, S. 361-365.

ihn kommt es darauf an, dass Tugenden den ganzen Militärorganismus durchziehen.[6]

Zum anderen gehören zum Wesen des Krieges nicht nur seine unvergängliche Natur, sondern auch seine historisch wandelbaren Erscheinungsformen. Clausewitz hatte diesen bisweilen radikalen Wandel im Übergang von der ständischen Ordnung zu den Nationalstaaten am eigenen Leibe erfahren. Um diese wesensmäßige Wandelbarkeit zu veranschaulichen, bezeichnet der preußische General Krieg auch als ein „wahres Chamäleon"[7]. Wie diese farbenfrohe Echse, die flexibel auf veränderte Umweltbedingungen reagiert, so ändert auch der Krieg sein konkretes Erscheinungsbild. Er passt sich den vorherrschenden politisch-gesellschaftlichen, wirtschaftlichen und technologischen Rahmenbedingungen schnell und übergangslos und daher manchmal auch unmerklich an.

Mit den Veränderungen im Erscheinungsbild des Krieges wandeln sich auch die Anforderungen an den Soldaten und sein tugendhaftes Handeln. Ein aktuelles Beispiel dafür ist die zunehmende Digitalisierung der Kriegführung. Dass beispielsweise Computerspezialisten für die Abwehr von Cyberangriffen nicht über die traditionell vom Soldaten geforderte körperliche Fitness verfügen müssen, erscheint angesichts ihrer weithin sitzenden Tätigkeit in klimatisierten Containern nachvollziehbar. Auch Mut im Umgang mit persönlicher Gefahr dürfte nicht weit oben in ihrer

---

[6] Vor diesem Hintergrund ist auch der Erziehungsauftrag von Vorgesetzten zu verstehen. Zum Erziehungsbegriff und der Geschichte der soldatischen Erziehung im deutschen Militär siehe Uwe Hartmann, Erziehung von Erwachsenen als Problem pädagogischer Theorie und Praxis, Frankfurt/M. 1994 sowie derselbe, Erziehung – Nein Danke? Warum die Bundeswehr eine Rückbesinnung auf die soldatische Erziehung braucht! In: Uwe Hartmann, Claus von Rosen, Christian Walther (Hrsg.), Jahrbuch Innere Führung 2009. Die Rückkehr des Soldatischen, Berlin 2009, S. 147-164.
[7] Clausewitz, Vom Kriege, S. 212.

Stellenbeschreibung stehen. Es ist eben ein Unterschied, ob mit Viren und Worten im Cyberspace oder mit Bomben und Handgranaten auf dem Gefechtsfeld gekämpft wird.[8]

Ein anderes Beispiel ist die neue Rolle der Bevölkerung im Krieg. Der britische General und Stratege Sir Rupert Smith sieht insgesamt einen Wandel von der industrialisierten Kriegführung der beiden Weltkriege hin zu dem neuen Kriegsbild des „war among the people".[9] Interkulturelle Kompetenz und das geschickte Handeln im Informationsumfeld sind heute genauso wie die Bereitschaft zur Zusammenarbeit mit zivilen Partnern unverzichtbare Anforderungen an Soldaten. Mit den Menschen gewinnt indessen auch ein Element an Relevanz, dem Clausewitz besondere Bedeutung für die Gewaltsamkeit kriegerischer Auseinandersetzungen beimisst: der Hass und die Feindschaft, „… die wie ein blinder Naturtrieb anzusehen sind".[10]

Dass die intellektuellen Anforderungen an Soldaten zunehmen und ins Unermessliche steigen, zeigen nicht nur die neuesten, technologisch ausgeklügelten und daher äußerst anspruchsvollen Waffensysteme, sondern auch Formen der Kriegführung wie beispielsweise die hybriden Kriege. Diese verfolgen den Zweck, Politik, Gesellschaft und Militär auf der gegnerischen Seite durch Erhöhung der Komplexität von Bedrohungen handlungsunfähig zu ma-

---

[8] Zu den spezifischen Stressbelastungen beispielsweise von Drohnenpiloten siehe Angelika Dörfler-Dierken, Drohnen vor dem Gewissen. In: Uwe Hartmann, Claus von Rosen (Hrsg.), Jahrbuch Innere Führung 2014. Drohnen, Roboter und Cyborgs – Der Soldat im Angesicht neuer Militärtechnologien, Berlin 2014, S. 151-165.
[9] Rupert Smith, The Utility of Force, New York 2007.
[10] Clausewitz, Vom Kriege, S. 213. Zur Kritik an Kriegsbildern und Strategien, die diesem Element zu wenig Aufmerksamkeit widmen, siehe Donald Abenheim und Carolyn Halladay, Soldiers, War, Knowledge and Citizenship: German-American Essays on Civil-Military Relations, Berlin 2017, S. 211-222.

chen.¹¹ Bundesministerin von der Leyen hat diese Komplexität einmal plastisch während einer Rede im Deutschen Bundestag im Jahre 2015 beschrieben, indem sie der hybriden Kriegführung folgende Aktivitäten zuordnete: „... verdeckte Operationen und offener Einsatz von Mitteln, Einsickern von Geheimdienstpersonal, Militärpersonal ohne Hoheitsabzeichen, Desinformationen, sehr gezielte Propaganda, Schüren von sozialen Disparitäten oder Spannungen in einer bestimmten Region, massiver Aufwuchs von Truppen in Grenzregionen, auch als psychologisches Druckmittel – und das Ganze zum Teil kombiniert mit wirtschaftlichem Druck."¹² „Fundamental neu", so sagte sie später auf der Münchener Sicherheitskonferenz, sei „die Kombination und die Orchestrierung dieses unerklärten Krieges, bei dem erst die Gesamtbetrachtung der einzelnen Mosaikstücke den aggressiven Charakter des Plans entlarvt."¹³

Wenn alles mit allem irgendwie zusammenhängt, dann müssen auch die Soldaten ein umfassendes Verständnis über ihren Beruf und ihre Aufgaben haben. Die intellektuelle Selbstbegrenzung auf ihr Handwerkszeug würde weder den sicherheitspolitischen Herausforderungen noch den Erwartungen von Politik und Gesellschaft genügen. Weitaus stärker als in der Bündnisverteidigung während des Kalten Krieges müssen sie immer auch die strategischen Auswirkungen ihres Tuns mit bedenken. Sie sollten sich also fragen, welche beabsichtigten und auch unbeabsichtigten Folgen daraus für das Erreichen der politischen Ziele

---

¹¹ Siehe dazu Uwe Hartmann, Hybrider Krieg als neue Bedrohung von Freiheit und Frieden, Berlin 2015.
¹² Rede der Bundesministerin der Verteidigung anlässlich der ersten Lesung des Haushalts 2015.
¹³ Rede der Bundesministerin der Verteidigung, Dr. Ursula von der Leyen, anlässlich der 51. Münchener Sicherheitskonferenz am 6. Februar 2015.

entstehen. Dabei dürfen sie sich nicht auf militärische Aspekte beschränken, sondern auch die Strategien ziviler Partner berücksichtigen. Dies gilt erst recht für Armeen, die das Führungsprinzip des ‚Führens mit Auftrag' (*Mission Command*) anwenden und ihren Soldaten dafür enorme Handlungsfreiheiten einräumen.[14]

Die historisch wandelbaren Erscheinungsformen des Krieges wirken sich daher nicht nur auf Wehrformen und Organisationsstrukturen sowie auf Waffensysteme und Führungsgrundsätze aus. Auch die militärischen Ausbildungs- und Erziehungssysteme müssen sich flexibel neuen Entwicklungen anpassen oder diese möglichst sogar vorwegnehmen.

Aus der historischen Wandelbarkeit des Krieges zieht Clausewitz weitere Schlüsse. So vertritt er die Auffassung, dass allgemeingültige Regeln mit praktischer Relevanz, also eine Art „Checkliste", für die Kriegführung nicht möglich sind. Sein großer Widersacher, der Schweizer General Antoine-Henri Jomini (1779-1869), war anderer Meinung. Er behauptete, aus Napoleons Genie die Rezeptur für Erfolge im Krieg abgeleitet zu haben. Wer diese 1:1 anwende, könne sich mit wissenschaftlicher Genauigkeit des militärischen Sieges sicher sein.[15]

Clausewitz stellte diese seit den Zeiten des chinesischen Strategieberaters Sun Tzu existierende Sehnsucht nach allgemeingültigen, für alle Kriege geltenden Regeln in Frage. Zahlreiche historische Studien und praktische Erfahrungen in vielen Feldzügen festigten seine Überzeugung, dass man die Wahrheit in den immer anderen Kriegen nur

---

[14] Zum Führen mit Auftrag siehe grundlegend Stephan Leistenschneider, Auftragstaktik im preußisch-deutschen Heer 1871-1914, Bonn 2002 sowie Jochen Wittmann, Auftragstaktik – just a command technique or the core pillar of mastering the military operational art?, Berlin 2012.
[15] Zu Jomini siehe John Shy, Jomini. In: Peter Paret (ed.), Makers of Modern Strategy, New Jersey 1986, S. 143-185.

„herausfühlen" könne. Diese Intuition nennt Clausewitz „Takt des Urteils". Sie ist allerdings kein bloßes Bauchgefühl. Der „Takt des Urteils" speist sich aus einer Mischung aus Erfahrung, wissenschaftlicher Bildung und Selbstreflexion und ist letztlich eine unendliche harte Arbeit an sich selbst.[16] Den Wunsch des Menschen nach einfachen Regeln stellt Clausewitz also als Ausgeburt eines einfachen, nicht kritisch gebildeten Verstandes bloß. Er unterstreicht stattdessen die enormen intellektuellen Anforderungen eines Krieges an die menschliche Vernunft.

Clausewitz geht sogar noch weiter. Auch im Kriege selbst, ja letztlich unmittelbar vor den Feldzügen und Schlachten, müsse der Soldat seine eigenen Annahmen und Grundsätze kritisch reflektieren, an der Wirklichkeit überprüfen, ggf. ändern und daran sein Handeln neu orientieren.[17]

Es ist vielleicht verständlich, dass Offiziere in Europa genauso wie in den USA bis heute eine gewisse Vorliebe für die regelgeleiteten Grundsätze Jominis zeigen.[18] Clausewitz zerstörte nicht nur den Glauben an allgemeingültige Regeln, die dem Soldaten im Chaos des Krieges Handlungssicherheit versprachen, sondern begründete auch noch, warum sich Widersprüche in der Realität des Krieges nicht in einer Synthese theoretisch aufheben ließen. Widersprüche könnten erst und nur in der Praxis versöhnt werden. Manchmal müsste man sie auch einfach aushalten. Clause-

---

[16] Clausewitz, Vom Kriege, S. 182, 263f.
[17] Diese Erkenntnis findet sich auch in den deutschen Vorschriften zur Truppenführung wieder, beispielsweise in der TF von 1962, Ziffer 8: „Das Bild des Krieges ist ständigem Wandel unterworfen. ... wer die Forderungen, die ein künftiger Krieg stellt, klarer erkennt und hieraus auf allen Gebieten rechzeitig die notwendigen Folgerungen zieht und in die Tat umsetzt, verschafft sich von vornherein einen entscheidenden Vorteil."
[18] Zu den negativen Auswirkungen der Fokussierung auf taktisch-operative Aufgaben auf die Strategiefähigkeit siehe Abenheim und Halladay, Soldiers, War, Knowledge and Citizenship, S. 212.

witz' Einsicht in die Dialektik des Krieges gipfelte also nicht in der Synthese des Hegelianischen Idealismus, sondern in intellektueller Demut, Skepsis und einem Primat der Praxis.[19] Hierin liegt auch der Grund für die tradierte Fehlerkultur in deutschen Streitkräften. Diese beruht auf dem auch heute noch gültigen Grundsatz, dass die Folgen von unterlassenem Handeln schwerer wiegen können als gemachte Fehler.[20]

Einige Beispiele aus heutigen Doktrinen über den Einsatz von Streitkräften sollen diese schwierige Gedankenführung erläutern. In neueren angelsächsischen Konzeptpapieren, die sehr stark durch Clausewitz'sches Denken beeinflusst sind, steht die Erziehung zum kritischen Denken vor allem der Offiziere im Vordergrund.[21] Pfadabhängigkeiten sollen durch den Einsatz von „Red Teams", die den Kommandeuren und ihren Stäben eine „secondary opinion" anbieten, verringert werden.[22] Deutsche Vorschriften legen größten Wert auf Führungsgrundsätze, die allerdings nicht allgemeingültig sind, sondern lageabhängig angewandt werden sollen. Die Vorschrift zur Truppenführung unterstreicht in ihren Schlussbemerkungen folgenden Zusammenhang: „Die Führungsgrundsätze verknüpfen den

---

[19] Siehe dazu Uwe Hartmann, Carl von Clausewitz. Erkenntnis - Bildung - Generalstabsausbildung, Landberg am Lech 1998, S. 118-132.
[20] Siehe dazu Claus von Rosen, Fehlerkultur – Ein neues Thema in der Bundeswehr. In: Uwe Hartmann, Claus von Rosen (Hrsg.), Jahrbuch Innere Führung 2016. Innere Führung als kritische Instanz, Berlin 2016, S. 186-187.
[21] Zum kritischen Denken in der militärischen Ausbildung siehe Gerras, Stephen J., "Thinking Critically about Critical Thinking: A Fundamental Guide for Strategic Leaders", *US Army War College*, Carlisle, August 2008.
http://www.au.af.mil/au/awc/awcgate/army-usawc/crit_thkg_gerras.pdf
[22] TRADOC Pamphlet 525-3-1, The US Army Operating Concept. Win in a Complex World 2020-2040, 31 October 2014; Ministry of Defence, Red Teaming Guide, London ²2013.

Rahmen eines einheitlichen Verständnisses von Grundsätzen der Truppenführung mit dem Freiraum individueller Führungskunst."[23] Die widersprüchliche Realität des Krieges lässt sich also nicht in allgemeinen Regeln aufheben. Versuche, die Natur des Krieges mit Hilfe von Technologien und Managementtheorien in den Griff zu bekommen, scheitern regelmäßig.[24]

„Taktik des Urteils" ist also unverzichtbar bei der Anwendung von bewährten Führungsgrundsätzen ebenso wie bei der Bewertung von Alternativvorschlägen. Eindringlich stellt sich damit die Frage, wie dieser „Takt des Urteils" ausgebildet werden kann. Dass er eine harte Arbeit an sich selbst ist, darauf habe ich schon hingewiesen. Entscheidend sei, so Clausewitz, dass der Soldat das Geschäft des Krieges „...mit dem Verstande ganz durchdringe...".[25] Die seit der griechischen Antike überlieferte Kardinaltugend der Klugheit ist also auch für den Soldaten die höchste aller Tugenden. Die Tapferkeit, die auch zu den Kardinaltugenden gehört, ist dieser nachgeordnet und wird durch sie geleitet.[26]

---

[23] Inspekteur des Heeres, Truppenführung, Strausberg 2017, Nr. 901. Siehe auch Nr. 111.
[24] Abenheim/Halladay, Soldiers, War, Knowledge and Citizenship, S. 23, 30, 216-219; Andrew J. Bacevich, The New American Militarism. How Americans are seduced by War, Oxford University Press 2013, S. 147-174.
[25] Clausewitz, Vom Kriege, S. 361; siehe auch S. 290f.
[26] Siehe Josef Pieper, Das Viergespann, München 1964, S. 165-198; siehe auch Uwe Hartmann, Tapferkeit – Klassische Soldatentugend, allgemeine Bürgertugend oder verlorene Tugend? In: Truppenpraxis/Wehrausbildung 7-8/1999, S. 520-526. Dies schließt nicht aus, dass es noch weitere Hierarchisierungen von Eigenschaften und Verhaltensweisen gibt. Mit der Klugheit als höchster Tugend ist vereinbar, dass Verantwortungsfreude die vornehmste Führungseigenschaft ist. Zum Verantwortungsbegriff siehe Hartmann, Erziehung von Erwachsenen, S. 70-75.

Nun wäre Clausewitz nicht Clausewitz, wenn er die Bedeutung der Klugheit nicht gleich wieder kritisch reflektieren und relativieren würde. Klugheit ist kein einfaches Rezept und schon gar kein Allheilmittel. Denn zur Klugheit gehört ganz wesentlich die Einsicht in Grenzen und Fehlbarkeit der eigenen Vernunft. Kriegstheorie ist daher immer auch Erkenntnistheorie im Sinne der fundamentalen Frage Kants: „Was kann ich wissen?"[27]. So wie heute im postfaktischen Zeitalter und im Angesicht zahlreicher gleichzeitiger Krisen in Politik, Gesellschaft und Wirtschaft die Frage nach dem guten Denken und richtigen Handeln auf größtes öffentliches Interesse stößt[28], so hatte schon Clausewitz auf Denkfehler im Krieg hingewiesen und seine Kriegstheorie erkenntnistheoretisch begründet.[29]

Als wäre es nicht belastend genug, dass es aufgrund der Wandelbarkeit des Krieges keine jederzeit verlässlichen Regeln der Kriegführung gibt und auch die Klugheit an ihre Grenzen stößt, so kommt erschwerend hinzu, dass Krieg durch Ungewissheit und Zufall gekennzeichnet ist. Hier sieht Clausewitz ein weiteres, neben Hass und Feindschaft wirkendes Element des Krieges: „das Spiel der Wahrscheinlichkeiten und des Zufalls, die ihn zu einer freien Seelentätigkeit machen…".[30] Für wie wichtig Clausewitz dieses Element hält, verdeutlicht seine Verwendung des Begriffs der Friktion. Er nutzt diesen Begriff nicht wie die meisten heute im Plural, sondern im Singular. Für ihn ist es also ein Prinzip. Trotz bester körperlicher Verfassung

---

[27] Immanuel Kant, Werke in 10 Bänden, herausgegeben von Wilhelm Weischedel, Bd. 3 und 4: Kritik der reinen Vernunft, Darmstadt 1983.
[28] Rolf Dobelli, Die Kunst des klaren Denkens. 52 Denkfehler, die Sie besser anderen überlassen, München 2014; ders., Die Kunst des klugen Handelns. 52 Irrwege, die Sie besser anderen überlassen, München 2014; Daniel Kahneman, Schnelles Denken, langsames Denken, München 2014.
[29] Hartmann, Carl von Clausewitz, S. 92-93.
[30] Clausewitz, Vom Kriege, S. 213.

und größter Geisteskraft ist die Wahrscheinlichkeit, im Krieg Fehler zu machen und zu scheitern, erschreckend groß.

Fehler haben häufig negative Auswirkungen. Deshalb gibt es Fehlervermeidungsstrategien, und deshalb sprechen Menschen nicht gerne über Fehler, die sie begangen haben. Welche Kapriolen das Spiel der Wahrscheinlichkeiten und des Zufalls im Kriege schlägt, erkennt man daran, dass Fehler in Schlachten und Gefechten bisweilen zu den größten Erfolgen führen. Das folgende Beispiel, das Claus von Rosen für einen Workshop über die Fehlerkultur im Heer[31] vorgestellt hat, soll dies verdeutlichen: „Peter Eglund beginnt sein Buch ‚Die Marx-Brothers in Petrograd' … mit der Geschichte vom Mythos des Feldherrn – gemeint ist der Feldmarschall Blücher, dessen Mythos als ‚Marschall Vorwärts' von einem Sieg an der Katzbach am 26. August 1813 stammt. – Nachdem Macdonald in den letzten Tagen die preußischen und russischen Truppen unter Blücher mehrfach geschlagen hatte, wollte er nun zu einem entscheidenden Schlag gegen Blücher ausholen. Dazu musste er mit seinen Truppen zunächst die Katzbach an drei Stellen überschreiten. Ein Platzregen machte den Truppen schwer zu schaffen, und die Katzbach entwickelte sich in kurzer Zeit zu einem reißenden Strom. Als die klatschnassen Kontrahenten plötzlich ineinander stolperten, war die Überraschung auf beiden Seiten total. Im Wechsel von Angriff und Gegenangriff im Nahkampf entstand große Unordnung und als plötzlich einige russische Schwadronen durch die französischen Linien brachen, wälzte sich der ganze ungeordnete Haufen der französischen Truppen auf dem schlüpfrigen Gelände hinunter

---

[31] Zum Workshop siehe Uwe Hartmann, Fehlerkultur – Ein Seminar als Beispiel. In: Uwe Hartmann, Claus von Rosen (Hrsg.), Jahrbuch Innere Führung 2016. Innere Führung als kritische Instanz, Berlin 2016, S. 229-237.

zur Katzbach, während einige preußische Kanonen auf die panisch fliehenden Truppen feuerten.

Beide Marschälle hatten nicht begriffen, was eigentlich geschehen war, nur dass so etwas wie eine Schlacht stattgefunden und Blücher irgendwie gesiegt hatte. Zu Gneisenau sagte er daher, man könne nicht leugnen, dass sie die Schlacht gewonnen hätten, die Frage sei aber, wie man den Leuten begreiflich machen wolle, dass das Ganze sinnreich geplant gewesen sei."[32]

Dazu passt, dass Clausewitz die kritische Funktion von Geschichtswissenschaft und Kriegstheorie deutlich hervorhebt. Deren Aufgabe sei es auch, Mythen und Legenden zu entlarven, um nicht ein falsches Bild von der Realität des Krieges zu bekommen.[33] Daher ist es zu begrüßen, dass Historiker des Zentrums für Militärgeschichte und Sozialwissenschaften der Bundeswehr (ZMSBw) wie Gerhard P. Groß und John Zimmermann uns in ihren Arbeiten zeigen, dass so mancher General nur deshalb berühmt wurde, weil er oder andere Fehler gemacht hatten. Hätte es keine Fehler gegeben und wären Feldzüge und Schlachten wie geplant ausgeführt worden, hätte es wahrscheinlich empfindliche Niederlagen statt großartiger Siege gegeben.[34]

Die persönliche Konfrontation mit dieser fehleranfälligen Ungewissheit im Krieg führte bei dem ehemaligen US-amerikanischen Verteidigungsminister Donald Rumsfeld zu einer Metamorphose der besonderen Art. Ursprünglich

---

[32] von Rosen, Fehlerkultur, S. 186-187.
[33] Siehe auch Abenheim / Halladay, Soldiers, War, Knowledge and Citizenship, S. 15-26.
[34] Gerhard P. Groß, Mythos und Wirklichkeit. Geschichte des operativen Denkens im deutschen Heer von Moltke d.Ä. bis Heusinger, Paderborn/München/Wien/Zürich 2012; Friederike Höhn, John Zimmermann, Tannenberg. Militärhistorische Exkursion 2015, Reader, Potsdam 2015.

ein Anhänger der technologisch geprägten *revolution in military affairs* (RMA), wandelte er sich noch während seiner Amtszeit zu einem Clausewitzianer, indem er den Begriff des *Unknown Unknown*[35] prägte. Damit bezeichnet er Dinge, von denen wir nicht wissen, dass wir sie nicht wissen. Sie können unerwartet als Problem auftauchen, ohne dass wir wissen, dass es diese Probleme gab und wie wir sie lösen könnten. Wenn sie aufgetaucht sind, wissen wir zumindest, dass wir sie nicht wussten. Dann ist es jedoch häufig schon zu spät, zumindest für eine schnelle Problemlösung oder für die Prävention.

Dass Rumsfelds geniale Wortschöpfung des *Unknown Unknown* keine bloße Politikrhetorik oder ein billiger Rechtfertigungsversuch für den gescheiterten Irak-Krieg 2003 ist, zeigt das neue *US Army Operating Concept*. Der für die Doktrinen und die Ausbildung im US-amerikanischen Heer zuständige General Perkins schreibt in dessen Vorwort: „The environment the Army will operate in is unknown. The enemy is unknown, the location is unknown, and the coalitions involved are unknown. The problem we are focusing on is how to 'Win in a Complex World'".[36]

Handeln im Krieg ist also, wie Clausewitz es nennt, in jeder Hinsicht „eine Bewegung im erschwerenden Mittel"[37]. Streitkräfte reagieren in vielfacher Weise auf diese prinzipielle Unvorhersehbarkeit, Fehleranfälligkeit und Ungewissheit. Der Führungsprozess, der in den Hauptquartieren von Bündnissen und in den Stäben von Verbänden und Großverbänden stattfindet, ist ein ständiger Kreislauf. Sobald eine Planung abgeschlossen ist, beginnt erneut die Lagefeststellung. Dabei werden auch die Annahmen, die den Entscheidungen zugrunde lagen (wie

---

[35] Donald Rumsfeld, Known and Unknown. A Memoir, New York 2011.
[36] US Army Operating Concept, S. iii
[37] Clausewitz, Vom Kriege, S. 263.

beispielsweise die Absicht eines Gegners oder das Verhalten der Zivilbevölkerung) überprüft. Im Führungsprozess selbst wird die Komplexität reduziert, indem schnell umsetzbare Handlungsmöglichkeiten mit ihren Vor- und Nachteilen erarbeitet werden. Kritisches Denken soll verhindern, dass unreflektierte Wunschvorstellungen und Vorurteile die Planungen leiten.

Ein weiterer Weg für den Umgang mit Ungewissheit ist die Auftragstaktik. Dieses bereits im 19. Jahrhundert eingeführte Führungsprinzip forderte die selbständige Ausführung von Aufträgen allein auf der Grundlage vorgegebener Ziele und zur Verfügung gestellter Mittel. Dahinter stand die Überzeugung, dass der Soldat vor Ort die Lage am besten beurteilen könnte. Selbständigkeit forderte zudem das Abweichen von Befehlen, wenn die Lage sich grundlegend geändert hatte und eine Rücksprache mit Vorgesetzten nicht möglich war.[38] Dieses tradierte Führungsprinzip wurde in der Bundeswehr allerdings erweitert, indem Führen mit Auftrag nicht rein militärisch, sondern immer auch politisch verstanden wurde. Es sollte nicht nur um die möglichst effektive Ausführung eines militärischen Auftrags gehen, sondern auch um die vorherige Prüfung, ob die wahrscheinliche Wirkung des Handelns auch tatsächlich dem politischen Zweck diente. Der Soldat wurde auf diese Weise mitverantwortlich für die Wirkung seines Handelns auf die zu erreichenden politischen Ziele. Befehle, die eine Straftat beinhalten oder gegen das humanitäre Völkerrecht verstoßen, durfte er auf keinen Fall ausführen. So sollten Kriegsverbrechen aus Gehorsam und damit der Befehlsnotstand als Entschuldigungsgrund verhindert werden. Die tradierte Auftragstaktik wurde also erweitert zu Führen mit politisch-rechtlich begründetem Auftrag.

---

[38] Zur Auftragstaktik siehe Leistenschneider, Auftragstaktik; Marco Sigg, Der Unterführer als Feldherr im Taschenformat. Theorie und Praxis der Auftragstaktik im deutschen Heer 1869 bis 1945, Paderborn u.a. 2014.

Politik und Recht sind damit unverzichtbare Elemente soldatischer Professionalität. Hierin liegt die eigentliche, tiefere Bedeutung des Leitbildes vom „Staatsbürger in Uniform.

Ein weiteres wesentliches Handlungsfeld für den Umgang mit Krieg als einer „Bewegung im erschwerenden Mittel" ist die ethische Bildung. Dazu gehört nicht nur die moralische Urteilskraft bei der Abwägung, ob das Risiko für Leib und Leben eingesetzter Soldaten und der betroffenen Zivilbevölkerung angesichts des erwartbaren militärischen Vorteils gerechtfertigt ist[39], sondern auch die Bereitschaft des Einzelnen, überhaupt zu handeln. Der Soldat müsse bereit sein, trotz eingeschränkter Erkenntnis, persönlicher Gefahren und hohem Fehlerrisiko Verantwortung zu übernehmen. Clausewitz spricht hier von „Mut zur Verantwortung".[40] Diese Verantwortung hat drei Bezugspunkte: vor sich selbst, vor anderen, vor Gott.

Um Verantwortung in einem zutiefst volatilen Umfeld wahrnehmen zu können, sind weitere Tugenden unverzichtbar. Dazu gehört beispielsweise die Tugend der Gelassenheit. Soldaten dürften nicht vorschnell auf neue Situationen reagieren. Sodann ist Charakterstärke erforderlich, um in unklaren Lagen bei seinem ersten Entschluss zu bleiben und nicht davon abzuweichen, bis eine klare Überzeugung dazu zwingt.[41] Kühnheit ist hilfreich, um Chan-

---

[39] Diese Fragestellung, die im Zentrum jeder Militärethik steht, wurde literarisch eindrucksvoll in Borcharts Drama „Draußen vor der Tür" in dem Dialog zwischen Beckmann und dem Oberst dargestellt. Siehe Wolfgang Borchart, Draußen vor der Tür, Hamburg 1993.
[40] Clausewitz, Vom Kriege, S. 286f., 1175-1177. Zu den ethischen Aspekten militärischer Führung siehe grundlegend Hartwig von Schubert, Integrative Militärethik. Ethische Urteilsbildung in der militärischen Führung, Berlin 2015.
[41] Clausewitz, Vom Kriege, S. 245.

cen, die sich oftmals unvorhergesehen ergeben, auszunutzen.[42]

Diese kurze Analyse von Natur und Erscheinungen des Krieges führt uns bereits zu wichtigen Erkenntnissen für unsere Fragestellung: Neben den Tugenden wie Gehorsam und Disziplin, die wir heute als Sekundärtugenden nicht immer ausreichend würdigen, die aber für das Überleben des einzelnen Soldaten und seiner Kameraden sowie für die Schlagkraft der Truppe unverzichtbar sind, ist der gute Soldat derjenige, der die Klugheit als Leittugend für alle anderen Tugenden anerkennt und als harte Arbeit an sich selbst praktiziert und ständig übt[43]; der trotz Gefahren, Ungewissheit und körperlicher Strapazen Mut zur Verantwortung hat und im praktischen Handeln gelassen und charakterstark ist; und der in seinem Denken und Handeln die Absicht der übergeordneten Führung und dabei insbesondere auch die politischen Ziele als Leitinstanz einbezieht. Als Vorgesetzter ist er immer auch „Erzieher", da er durch die Gestaltung der Rahmenbedingungen des Dienstes in der Kaserne wie auf dem Gefechtsfeld bzw. im Einsatz dafür sorgt, dass sich Tugenden in dem ganzen Organismus der Streitkräfte ausbreiten können.

2. Krieg als Fortsetzung der Politik mit anderen Mitteln

Clausewitz verstand Krieg als Fortsetzung der Politik mit anderen Mitteln. Damit fordert er nicht den Ersatz der Politik durch das Militär, sobald der erste Schuss gefallen ist, sondern meint die Orientierung des kriegerischen Handelns an dem von der Politik angestrebten Zweck. Obers-

---

[42] Clausewitz, Vom Kriege, S. 366-372.
[43] Zur Bedeutung der Übung für die Persönlichkeitsentwicklung des Menschen siehe Peter Sloterdijk, Du mußt Dein Leben ändern, Frankfurt/M. 2009, S. 639ff.

ter Zweck ist nicht der militärische Sieg allein, sondern ein möglichst nachhaltiger Frieden.[44] Was nützt der schönste Sieg, wenn er den künftigen Frieden behindert und Anlass für neue Kriege bietet? Wichtigster Bezugspunkt des Soldaten ist also trotz Einsatzorientierung und kriegsnaher Ausbildung der Frieden. Die im mündlichen und schriftlichen Befehl formulierte Absicht des militärischen Führers, die Ausgangs- und Zielpunkt des Führens mit Auftrag ist, muss im Letzten immer den Grundwert des Friedens und die politische Zwecksetzung reflektieren.[45]

Die Redewendung von Krieg als bloße Fortsetzung der Politik verdeutlicht, dass neben (1) Hass und Feindschaft sowie (2) Wahrscheinlichkeit und Zufall noch eine weitere Tendenz in ihm herrscht und sein Erscheinungsbild wesentlich mitbestimmt: das ist (3) seine „... untergeordnete Natur eines politischen Werkzeuges, wodurch er dem bloßen Verstande anheimfällt."[46] Diese historisch variablen, aber in der Natur des Krieges begründeten Tendenzen könnten, so Clausewitz, bestimmten Akteuren des Kriegsgeschehens zugeordnet werden. „Die erste dieser drei Sei-

---

[44] Clausewitz, Vom Kriege, S. 203, 215, 217.
[45] Dies ist keine idealistische Träumerei, sondern so auch in Führungsvorschriften niedergelegt. Siehe etwa Inspekteur des Heeres, Truppenführung, Nr. 512, 516. In Nr. 607 steht: „ein ausschließlich an militärischen Kriterien orientierter Erfolg kann für das Erreichen des beabsichtigten politischen Endzustands im ungünstigsten Fall sogar nachteilig sein." Nr. 617 fordert: „um in multidimensionalen Konflikten in komplexen Einsatzumfeldern einen politisch vorgegebenen Endzustand zu erreichen, müssen alle Maßnahmen eines vernetzten Ansatzes hinsichtlich ihrer Tauglichkeit und ihrer Rolle zur Erreichung dieses Endzustandes bewertet werden." Siehe hier Kap. IV.1. Zu den noch nicht erlassenen Einsatzrichtlinien der Bundeswehr siehe die kritische Analyse von Klaus Naumann, Ein Dachdokument ohne Dach. Konfliktbilder, vernetzter Ansatz und die Einsatzleitlinien der Bundeswehr. In: Uwe Hartmann, Claus von Rosen (Hrsg.), Jahrbuch Innere Führung 2016. Innere Führung als kritische Instanz, Berlin 2016, S. 57-74.
[46] Clausewitz, Vom Kriege, S. 213.

ten ist mehr dem Volke, die zweite mehr dem Feldherrn und seinem Heer, die dritte mehr der Regierung zugewendet."[47]

Aus dieser „wunderlichen Dreifaltigkeit" des Krieges erwachsen hohe Anforderungen an das innere Koordinatensystem von Soldaten. Sie müssen darauf achten, dass ihr Denken und Handeln nicht allein und primär durch Krieg als Referenzrahmen beeinflusst wird. Es ist eine überaus wichtige Erziehungs- und Bildungsaufgabe ihrer Vorgesetzten, ihnen zu erklären, dass Krieg niemals absolut oder total verstanden werden darf. Kriege sollen vielmehr einen politischen Zweck erfüllen. Soldaten dürfen daher weder Vabanque spielen noch sich von Emotionen hinreißen lassen. Dass Emotionen sich des Einzelnen bemächtigen, ist leicht möglich, besonders in lang dauernden Kriegen und kriegsähnlichen Einsätzen.[48] Stattdessen müssen Soldaten, wie Goethe es in seiner Ballade vom Zauberlehrling beschrieb, immer vom Zwecke des Meisters aus denken, d.h. von der von der Politik gewünschten Wirkung. Dieses Ende ist nicht der militärische Sieg allein, sondern der Frieden. Selbst Soldaten mit niedrigen Dienstgraden müssen sich die Frage stellen, wie ihr Bekämpfen des Gegners sich auswirkt auf die Gestaltung des Friedens, wenn der Krieg vorbei ist. Diese Frage ist ein unverzichtbares kriti-

---

[47] Clausewitz, Vom Kriege, S. 213.
[48] Zum Begriff des Referenzrahmens und den Auswirkungen von Krieg als Referenzrahmen auf den Wehrmachtssoldaten siehe Sönke Neitzel, Harald Welzer, Soldaten. Protokolle vom Kämpfen, Töten und Sterben, Frankfurt/M. ^{5}2011, S. 16-82. Ein bedrückendes Beispiel dafür ist das Buch American Sniper. Die Geschichte des Scharfschützen Chris Kyle, München 2015. Dass die Akzeptanz militärischer Gewalt mit den Erfahrungen direkter Gewalteinwirkung durch gegnerische Kräfte zunimmt, ist auch für die Einsatzkontingente der Bundeswehr empirisch belegt. Siehe Anja Seiffert, Phil C. Langer, Carsten Pietsch, Bastian Krause, ISAF 2010. Ausgewählte Ergebnisse der sozialwissenschaftlichen Begleitung des 22. Kontingents ISAF im Einsatz, Bericht, Strausberg Oktober 2010, S. 8.

sches Korrektiv. Soldaten müssen jederzeit im Hinterkopf behalten, dass es viel schwieriger ist, Frieden zu schaffen als Krieg zu führen[49].

Dazu gehört auch, dass das Militär sich nicht nur darüber Gedanken macht, wie ein Feldzug erfolgreich beendet werden kann, sondern auch, wie es danach politisch weitergeht. Wenn Streitkräfte ein Land besetzen, die staatlichen Strukturen zusammengebrochen und neue zivile Autoritäten noch nicht vor Ort sind, sind sie nach internationalem Recht verpflichtet, Ordnungsfunktionen zu übernehmen. Es liegt zudem im Interesse von Streitkräften, dass sie verzugslos einspringen können, wenn zivile Akteure ausfallen oder (noch) nicht in ausreichender Zahl vor Ort sind. Denn, wie zuletzt der Irakkrieg 2003 zeigte, kann ein politisches Vakuum zu einer Verschlechterung der Sicherheitslage und damit zu einem längeren Verbleiben der Streitkräfte in einem Einsatzgebiet führen. Und letztlich kann ein Krieg so auch verloren gehen oder als Niederlage angesehen werden.[50]

Der Soldat steht also in allem, was er tut, in einem unmittelbaren Verhältnis zur Politik. Daher sagt Clausewitz, dass es weder einen Kriegsplan noch einen militärischen Rat gebe, der nicht notwendigerweise das Gebiet der Politik berührte.[51]

---

[49] Siehe Thomas Darnstädt, Nürnberg. In: Denkanstöße 2017, herausgegeben von Isabella Nelte, München/Berlin/Zürich 2016, S. 67. Darnstädt beginnt seine Ausführungen mit dem Satz: „Krieg ist einfacher als Frieden." Zur Art der Kriegführung und deren Auswirkungen auf den Frieden siehe Ivo H. Daalder and Michael E. O'Hanlon, Winning Ugly. NATO's War to Save Kosovo, Washington D.C. 2000.
[50] Siehe Thomas E. Ricks, Fiasco. The American Military Adventure in Iraq, New York 2006.
[51] Clausewitz, Vom Kriege, S. 686: „Ja, es ist ein widersinniges Verfahren, bei Kriegsentwürfen Militäre zu Rate zu ziehen, damit sie rein militärisch darüber urteilen sollen, wie die Kabinette wohl tun."

Damit komme ich nun zum Verhältnis des Soldaten zur Politik. Die Hierarchie ist klar geregelt: Das Primat liegt eindeutig bei der Politik. Dennoch ist so etwas wie ein Dialog erforderlich zwischen Politik und Militär, damit erstere ihr Instrument nicht gegen dessen Natur und damit falsch nutzen und letztere verstehen, was die Politik erreichen will. Der US-amerikanische Historiker Eliott A. Cohen spricht daher von einem „unequal dialogue".[52] Aber es ist eben immer noch ein Dialog, in dem Politiker die Stimme des Militärs hören sollten.[53] Wie spannungsgeladen die Beziehungen zwischen Politik und Militär allerdings sein können, lässt sich an Clausewitz' Handeln im Jahre 1812 darstellen. Napoleon plante, Russland anzugreifen und verlangte dafür vom preußischen König ein Hilfskorps mit rd. 15.000 Soldaten. Der preußische König Friedrich Wilhelm III. willigte ein, was Clausewitz nicht akzeptieren wollte. Da seine emotional gehaltenen Denkschriften den König nicht zum Umdenken veranlassten, verließ er die preußische Armee und trat in russische Dienste über.[54]

Dass Widerspruch und Widerstand auch heute noch erforderlich sind, zeigen die Beispiele US-amerikanischer Generale, die im Vorfeld des Irak-Krieges von 2003 ihre Kritik gegenüber den verantwortlichen Politikern äußerten und schließlich ihre Ämter niederlegten.[55] Auch die deutsche Militärgeschichte kennt zahlreiche Beispiele, die vom Un-

---

[52] Eliott A. Cohen, Supreme Command. Soldiers, Statesmen, and Leadership in Wartime, New York 2013.
[53] Die dazugehörige Einstellung bei Soldaten wäre dann die eines „Partners des Politikers". So verstand sich General Ulrich de Maizière. Siehe dazu John Zimmermann, Ulrich de Maizière. General der Bonner Republik 1912 bis 2006, München 2012, S. 494.
[54] Hartmann, Clausewitz, S. 32-37; Peter Paret, Clausewitz und der Staat. Der Mensch, seine Theorien und seine Zeit, Bonn 1993, S. 284-286.
[55] Ricks, Fiasco, S. 67, 241-242.

gehorsam eines Generals von der Marwitz über Widerspruch und selektiven Gehorsam deutscher Generale gegenüber Hitler[56] bis hin zum Widerstand der Generale, Admirale, Offiziere und Soldaten des 20. Juli 1944 reichen.[57]

Clausewitz' Theorie des Krieges unterstreicht, dass Krieg als ein Akt der Gewalt eine gewaltige intellektuelle und moralische Herausforderung für den einzelnen Soldaten sowie für Streitkräfte insgesamt ist. Ein guter Soldat zu sein, ist also alles andere als einfach. Es fordert viel mehr als das Beherrschen des militärischen Handwerks, obwohl dies unverzichtbar ist und sowohl der einzelne Soldat ebenso wie die verantwortlichen Politiker ein hohes Interesse daran haben müssen, dass Ausrüstung und militärfachliche Ausbildung den Anforderungen genügen. Nur dann ist eine Armee ein schlagkräftiges Instrument in den Händen der Politik. Aber selbst bei bester Ausrüstung und Ausbildung kann der Soldat kein guter Soldat sein jenseits von Politik und Gesellschaft. Daher hat neben der Ausbildung vor allem die Bildung so hohes Gewicht.

Schwierig ist auch die Gestaltung der zivil-militärischen Beziehungen. Soldaten sind nicht nur ein Objekt der Gestaltung dieser Beziehungen durch Politik und Gesell-

---

[56] Dass entgegen weit verbreiteter Meinungen deutsche Generale Widerspruch und Widerstand gegen Weisungen und Befehle Hitlers leisteten, kommt sehr anschaulich in Karl-Heinz Friesers Darstellung des Krieges im Osten in den Jahren 1943-1944 zum Ausdruck. Siehe Das Deutsche Reich und der Zweite Weltkrieg, Bd. 8: Die Ostfront 1943/44. Der Krieg im Osten und an den Nebenfronten, herausg. von Karlheinz Frieser u.a., München 2008.

[57] Zum „Aufstand des Gewissens" siehe Joachim Fest, Staatsstreich. Der lange Weg zum 20. Juli, Berlin 1994. In der Wirtschaftsethik spricht man heute bei diesem Phänomen auch von POM: Pro-Organizational Misbehavior: Ungehorsam/Illoyalität um der höheren Sache oder Ziele willen.

schaft. Sie sind auch ein aktives Subjekt mit eigenen Erwartungen und Interessen. Gerade in kriegerischen Zeiten können die zivil-militärischen Beziehungen sehr spannungsgeladen sein. Dass lange, von Berufsarmeen geführte koloniale oder irreguläre Kriege negative Auswirkungen auf die demokratischen Institutionen und die politische Kultur eines Staates haben können, zeigen die Studien der US-amerikanischen Gelehrten Donald Abenheim, Carolyn Halladay und Andrew Bacevich, die militaristische Tendenzen in den USA diagnostizieren.[58] Die zerstörerische Wirkung von Dolchstoßlegenden ist gerade bei den Deutschen tief in ihr politisches Bewusstsein eingeprägt. Es ist im Interesse der Soldaten selbst, sich diese Gefahren bewusst zu machen und in ihrem Selbstverständnis sowie in der Führungskultur der Streitkräfte Schutzbarrieren aufzubauen. Andererseits ist es ein Zeichen der Qualität der politischen Kultur eines Landes, wenn der Rat von Soldaten in den politischen Entscheidungsprozessen gehört und ihre Stimmen in der Öffentlichkeit wahrgenommen werden. Dazu müssen diese nicht nur den Krieg mit ihrem Verstande durchdrungen haben, sondern auch über staatsbürgerliche Tugenden einschließlich der Zivilcourage verfügen.

Das Politische spielt auch im militärischen Handeln eine große Rolle. Dies gilt für die Einsätze im internationalen Krisenmanagement, wie wir sie in Afghanistan, Irak oder in Mali erleben, genauso wie für die Bündnisverteidigung mit ihren hybriden Bedrohungen. Es ist mittlerweile gängig, eskalierende Stabilisierungseinsätze als ‚kriegsähnlich' oder als ‚Krieg' zu bezeichnen. Politiker und Militärs in den drei baltischen Staaten sagen offen, dass ihre Länder sich inmitten eines ‚hybriden Krieges' mit ihrem großen Nachbarn im Osten befänden. Der neue unbefangene

---

[58] Neben diesen bereits angeführten Studien (Anm. 24) siehe auch Hew Strachan, The Politics of the British Army, Oxford 1997.

Gebrauch des Kriegsbegriffs darf allerdings nicht darüber hinwegtäuschen, dass seine Erscheinungen heute anders sind als das, was die meisten Menschen assoziieren, wenn sie diesen Begriff hören. In den ‚Neuen Kriegen' treffen nicht zwei Armeen aufeinander, die sich gegenseitig vernichten oder zumindest zerschlagen wollen. Die im Einsatz befindlichen Streitkräftekontingente sind vielmehr ein Akteur neben vielen anderen in einem „politischen Gefechtsfeld". Das Militär ist daher nicht der alleinige Stellvertreter des leitenden politischen Willens. Dies schränkt die traditionelle Autonomie seiner Entscheidungen selbst auf der taktisch-operativen Führungsebene deutlich ein. Unter Bezugnahme auf Clausewitz habe ich bereits darauf hingewiesen, dass Kriege einen politischen Zweck haben und politische Akte ist. Der Begriff des ‚politischen Gefechtsfeldes'[59] unterstreicht, dass das Politische selbst die taktische Ebene des Gefechtsfeldes durchzieht. Clausewitz hatte bereits an solche Erscheinungsformen des Krieges gedacht, wenn er schreibt, „… der Krieg ist nichts als eine Fortsetzung des politischen Verkehrs mit Einmischung anderer Mittel."[60] Krieg könne daher, so Clausewitz, „… ein Ding sein, was bald mehr, bald weniger Krieg ist".[61]

Diese etwas angereicherte Variante der bereits angeführten Definition des Krieges als Fortsetzung der Politik ist mehr als eine sprachliche Spitzfindigkeit. Aus ihr lassen sich eindeutige und praxisrelevante Grundsätze ableiten. Je mehr der Krieg von politischen Mitteln durchzogen ist, desto weniger reicht ein militärischer Sieg aus, desto stärker verwischen die Grenzen zwischen Krieg und Frieden,

---

[59] Siehe dazu Klaus Naumann, Das politische Gefechtsfeld. Probleme militärischer Professionalisierung. In: Mittelweg 36. Zeitschrift des Hamburger Instituts für Sozialforschung, H. 6, Dezember 2014/Januar 2015.
[60] Clausewitz, Vom Kriege, S. 990.
[61] Clausewitz, Vom Kriege, S. 955.

desto länger dauern die kriegerischen oder kriegsähnlichen Auseinandersetzungen, desto kleiner sind politikfreie Räume, desto komplexer ist das Geschehen, desto wichtiger sind Narrative, die das Handeln legitimieren, desto häufiger müssen Soldaten mit zivilen Partnern arbeiten und sich ggf. auch diesen unterordnen. Diese Grundsätze charakterisieren die neuen Kriege, die unseren oftmals unbewusst überlieferten, aber durchaus festgefügten Vorstellungen von Krieg widersprechen und die wir daher gerne verdrängen. Umso wichtiger ist Clausewitz' Rat für uns heute, den Krieg in seiner Komplexität, Variabilität und Mehrdeutigkeit mit dem ganzen Verstande zu durchdringen.

Vor diesem Hintergrund ist es einerseits verständlich, dass vor allem Mannschaften, Unteroffiziere und junge Offiziere eine stärkere Betonung des Kampfes in Führungskultur und Selbstverständnis der Bundeswehr sowie eine Anerkennung ihrer Gefechtserfahrungen in der politischen Kultur Deutschlands fordern. Andererseits wird die Einseitigkeit dieser Forderung den neuen Erscheinungsformen von Krieg nicht gerecht. In ihrem Denken überstrahlen Gefechte das Neue, das sie in der Zusammenarbeit mit der einheimischen Bevölkerung sowie mit zivilen Partnern erlebt haben: dass die Einsätze komplexer sind als das traditionelle Freund-Feind Schema konventioneller Kriege, dass gewaltsames Handeln nicht immer positive Effekte für das Erreichen der politischen Ziele hat und dass Soldaten sich auch auf der untersten taktischen Ebene mit vielen Partnern abstimmen müssen, um gemeinsame Ziele zu erreichen. Gerade sie erleben doch die enorme Bedeutung kluger Strategien, weil sie danach fragen, wie sich ihr Beitrag auf das Gesamtvorhaben auswirkt, weil sie erkannt haben, wie schwierig es ist, ohne ein überzeugendes Narrativ Menschen sowohl im Einsatzgebiet als auch im Heimatland zu überzeugen. Sie beklagen, dass die Politik von der Hauptstadt aus mit einem 6.000 Kilometer langen Schrauberzieher eine Feinjustierung ihres Handelns im Einsatzgebiet vornimmt. Sie müssten eigentlich die größten Advokaten sein für das, was die Bundesministerin der Verteidigung unter Stärkung der „Strategiefähigkeit"[62] versteht und fordert. Der Soldat heute ist damit weitaus mehr als in den Szenaren der Bündnisverteidigung in der Endphase des Kalten Krieges ein „politischer Soldat". Und das im Sinne eines zweifachen Primats: Er untersteht nicht nur der Politik als seinem „Kriegsherrn", dem er treu zu dienen hat, sondern auch der permanenten Präsenz des Politischen.[63] Er darf sich nicht auf seine traditionelle Rolle als Gewaltexperte beschränken, sondern muss sich als Akteur einer bewaffneten Politik („armed politics"[64]) verstehen.

Die neuen Kriege zeichnen sich dadurch aus, dass nicht nur die Generale und Admirale, sondern auch die unteren Dienstgrade ein Verständnis für die neuen, oftmals widersprüchlichen Erscheinungen des Krieges benötigen. Sie müssen verstehen, wie politische Initiativen wie beispiels-

---

[62] Siehe dazu das Weißbuch zur Sicherheitspolitik und zur Zukunft der Bundeswehr 2016, S. 57.
[63] In der Anfangsphase der Bundeswehr wurde nur der politische Soldat als „kriegstüchtig" angesehen. Die Einheit von politischer und militärischer Qualität des Soldaten verblasste jedoch mit einer Abkehr vom Kriegsbild des „permanenten Bürgerkriegs" hin zu einem konventionellen Kriegsbild und mit der beginnenden Entspannungspolitik. Siehe dazu Frank Nägler, Der gewollte Soldat und sein Wandel. Personelle Rüstung und Innere Führung in den Aufbaujahren der Bundeswehr 1956 bis 1964/65, München 2010, S. 491. Zu den Gemeinsamkeiten des Kriegsbildes vom „permanenten Bürgerkrieg" mit den heutigen hybriden Bedrohungen siehe Uwe Hartmann, Hybrider Krieg als Bedrohung von Freiheit und Frieden.
[64] Naumann, Das politische Gefechtsfeld, S. 13. Naumann greift für seine Argumentation auf das Buch des britischen Offiziers Emile Simpson, War from the Ground Up. 21st Century Combat as Politics, London 2012 zurück.

weise das Reintegrationsprogramm der afghanischen Reigerung sich auf ihr taktisches Handeln auswirken[65]. Sie müssen erkennen, dass es für Dorfälteste sinnvoll sein kann, einen Sohn zur Polizei zu geben und einen weiteren dem örtlichen Kommandeur der Aufständischengruppe zu unterstellen. Sie sollten verstehen, dass Konflikte mit zivilen Partnern ihren Ursprung in unterschiedlichen Führungskulturen haben und dennoch alles dafür tun, um ein gemeinsames Handeln zu erreichen. Und sie sollten wissen, dass die Nützlichkeit militärischer Gewaltmittel durch hybride Mittel und Wege untergraben wird.

Die Wirksamkeit taktischen Handelns beruht auf einer guten Strategie. Das war schon immer so. Wenn, wie der Ostfeldzug der Wehrmacht oder der Vietnam-Krieg gezeigt haben, die Strategie schlecht ist, helfen selbst unendlich viele taktische Siege und operative Glanzleistungen nicht. Umgekehrt gilt, dass der Beitrag von Streitkräften für die Strategie, d.h. für die Umsetzung politischer Zwecke und Ziele in ein einheitliches Handeln unterschiedlicher ziviler und militärischer Partner im Einsatzgebiet, mehr denn je abhängig ist von den untersten taktischen Ebenen: von den strategischen Gefreiten und Feldwebeln. Die einseitige Fokussierung auf das Kerngeschäft des Kämpfers mit all den Konsequenzen für Selbstverständnis und Führungskultur sowie für Integration und Tradition verkennt das Wesen moderner politischer Konflikte und könnte die dringend notwendige Aufwertung des strategischen Denkens untergraben.

Im folgenden Kapitel geht es um das Verhältnis des Soldaten zur Politik als der „leitenden Intelligenz" in Krieg und Frieden, als einer Instanz, die ihm Richtung und Grenzen

---

[65] Siehe dazu Uwe Hartmann, Reintegration von Gegnern. In: Uwe Hartmann (Hrsg.), Lernen von Afghanistan. Innovative Mittel und Wege für Auslandseinsätze, Berlin 2015, S. 76-95.

vorgibt. Was fordert die Politik von einem guten Soldaten? Und wie stehen die Bürger dazu?

Um diese Frage zu beantworten, werde ich vier große Denker der europäischen Geistesgeschichte auf ihre Ansichten über die zivil-militärischen Beziehungen befragen. Diese vier stellen wie bei einem Kompass die Himmelsrichtungen dar, die uns helfen, unseren Weg in die Zukunft zu finden.

III Politik und Militär

1. Platon, Cicero, Machiavelli und Luther als Koordinatensystem

Was darf die Politik als „leitende Intelligenz" von einem Soldaten erwarten? Wann ist er aus ihrer Sicht ein guter Soldat? Und wie stehen Bürger und Soldaten zu diesen Erwartungen?

Stellen wir diese Frage zunächst einmal dem griechischen Philosophen Platon, der im fünften vorchristlichen Jahrhundert lebte. Platon vertrat in seinem berühmten Höhlengleichnis die These, dass es hinter den Erscheinungen der Alltagswelt Ideen gibt, die die eigentliche Wahrheit darstellten. Diese Ideen zu schauen, sei eine schwierige Aufgabe. Daher überträgt er sie den Philosophen. In seinem Modell eines Idealstaates (‚Politeia') sind die Philosophen folgerichtig die Staatenlenker. Darunter gibt es zwei weitere Klassen oder Berufsstände: die Wächter, also die Soldaten, und die Werktätigen.[66]

Die Wächter sind in einer vergleichsweise komfortablen Situation. Da ihre politischen Vorgesetzten über die absolute Wahrheit verfügen, benötigen diese weder deren Beratung noch deren kritische Nachfragen. Widerspruch und Widerstand sind per se überflüssig. Sie können sich auf ihre Profession, auf Schutz und Kampf, zurückziehen. Auch für die Bürger sind die zivil-militärischen Beziehungen völlig unproblematisch. Der Dialog und erst recht der Interessenausgleich von Bürger und Soldat sind einfach nicht notwendig.

Manchmal habe ich das Gefühl, dass wir heute an die Politik ähnliche Erwartungen stellen. Es ist richtig zu fordern,

---

[66] Siehe Manfred Jourdan, Kleine Pädagogik der Antike, Bad Heilbronn 1983.

dass die verantwortlichen Politiker vor einem Mandat die Notwendigkeit eines Einsatzes gut begründen und eine klare Vorstellung über dessen Verlauf und Beendigung haben.[67] Auch Clausewitz warnt, „... nicht den ersten Schritt zu tun, ohne an den letzten zu denken".[68] Eine Legitimation ist jedoch nicht Ergebnis eines platonischen Zaubers, sondern demokratischer Diskurse. Zudem ist es abwegig, eine detaillierte *exit strategy* zu fordern, die dann auch noch 1:1 umgesetzt wird. Clausewitz hätte diese Forderung sicherlich als der Natur des Krieges unangemessen kritisiert und als Sehnsucht eines einfachen Verstandes bloßgestellt. Sie zeugt nicht nur von einem naiven Kriegs-, sondern auch Politikverständnis. Denn auch politisches Handeln ist weithin eine „Bewegung im erschwerenden Mittel". Aus Komplexität resultierende Ungewissheit bedeutet, dass Planungen immer wieder an der Realität überprüft und ggf. angepasst werden müssen. Dies geht nur im permanenten Dialog über strategische Fragen, an dem die drei Hauptakteure der wunderlichen Dreifaltigkeit, also die Politik, die Bevölkerung und das Militär, angemessen beteiligt sind. Diejenigen, die Kämpfertum und handwerkliche Professionalität in den Mittelpunkt des soldatischen Selbstverständnisses rücken und die Wechselwirkungen mit der Politik nicht sehen, seien daran erinnert, dass es die absolute Wahrheit Platons nicht gibt und dass Karl R. Popper, einer der wichtigsten Philosophen des 20. Jahrhunderts, u.a. in Platon einen Feind offener Gesellschaften sah.[69]

---

[67] Siehe beispielsweise Evangelische Seelsorge in der Bundeswehr, Soldatinnen und Soldaten in christlicher Perspektive. 20 Thesen im Anschluss an das Leitbild des Gerechten Friedens, Berlin 2014, S. 18.
[68] Clausewitz, Vom Kriege, S. 959.
[69] Karl R. Popper, Die offene Gesellschaft und ihre Feinde, Bd. 1, München ⁶1980.

Platons totalitäres Idealstaatsmodell wurde bereits in der Antike als unrealistisch und unattraktiv abgelehnt. Schauen wir uns deshalb einen Philosophen der Antike an, der über eine erfolgreichere praktische politische Erfahrung verfügte, nämlich Cicero – auch wenn dieser selbst ein gewaltsames Ende fand.

Cicero war nicht nur ein begnadeter Redner und großer Philosoph, sondern auch ein praktischer Politiker. Er übte als politischer Emporkömmling sogar das Amt eines Konsuls aus und hatte damit zeitweise das höchste Regierungsamt im römischen Reich inne. Das Besondere seiner Situation um 50 v. Chr. war, dass Rom von schwersten Krisen erschüttert wurde, die nicht nur von außen, sondern vor allem von innen kamen. Der Volkstribun Catilina bereitete eine Verschwörung vor, die Cicero aufdeckte; das Triumvirat von Caesar, Crassus und Pompeius mündete in einen brutalen Bürgerkrieg, der schließlich mit Caesars Diktatur endete. Cicero bekämpfte Caesar bis zu seinem Tod mit allen rhetorischen Mitteln und forderte vehement von ihm die Wiederherstellung der res publica.[70]

Wie sieht Cicero das Verhältnis von Politik und Militär? Im römischen Staat gab es keine klare Trennung. Politiker wurden Generale; und umgekehrt. Wenn Generale es schafften, die Unterstützung ihrer Soldaten zu erhalten, verfügten sie über enormen politischen Einfluss. Das Militär war also ein wichtiger innenpolitischer Machtfaktor. Deshalb durfte sich außer der Prätorianergarde auch grundsätzlich keine Legion in Italien selbst aufhalten.[71]

---

[70] Cicero, Vier Reden gegen Catilina, übersetzt und herausgegeben von Dietrich Klose, Stuttgart 1981; ders., De re publica. Vom Gemeinwesen, übersetzt und herausgegeben von Karl Büchner, Stuttgart 1979.
[71] Die Ausnahme war der bewilligte Triumphzug. Als Caesar den Grenzfluss Rubikon überschritt, verletzte er bewusst dieses Verbot mit allen Konsequenzen.

Cicero forderte die Generale auf, hinter der res publica zu stehen, diese zu respektieren und auch vor inneren Feinden zu schützen. Aus Ciceros Philosophie erwuchsen wichtige geistige Wurzeln für staatsbürgerliches Bewusstsein – auch bei den Soldaten und vor allem bei ihren Vorgesetzten.

Für uns Deutsche heute ist die politische Kontrolle des Militärs eingeübte Praxis und selbstverständlich. Von einem Staatsstreich wie in der Türkei im Jahre 2016 sind wir glücklicherweise weit entfernt. Gleichwohl kann uns Cicero viel sagen, da auch wir gegenwärtig die Gleichzeitigkeit innen- und außenpolitischer Krisen erleben, die eine starke, auch emotionale Resonanz unter den Bürgerinnen und Bürgern auslösen. Die Gefahr des Missbrauchs des Soldaten für innenpolitische Zwecke ist in der Realität vielleicht noch sehr gering. Dennoch gibt es bereits Bearbeitungen eines solchen Szenars wie beispielsweise in dem bereits 2014 erschienenen Roman „Die Treuhänderin" oder in dem erst kürzlich ausgestrahlten Tatort „Dunkle Zeit". Während in dem Film ein Generalmajor der Bundeswehr Steigbügelhalter für den Aufstieg einer rechtspopulistischen Partei ist, führt in dem Buch ein Brigadegeneral einen mit Reservisten organisierten Staatsstreich durch.[72] Autoren und Regisseure nutzen für ihre Plots, dass die Bürgerinnen und Bürger ein Vorverständnis über die Möglichkeiten und Gefahren des Missbrauchs von Militär für innenpolitische Zwecke besitzen. Soldatinnen und Soldaten sollten daher mehr denn je über staatsbürgerliche Haltungen verfügen. Sie dürfen auf keinen Fall ein gegen Demokratie und offene Gesellschaften gerichtetes Selbstver-

---

[72] Siehe dazu Robert B. Thiele, Die Treuhänderin, Berlin 2012. Dieses Buch wurde wenig später auch unter dem Titel „Der General" veröffentlicht. Zum Tatort „Dunkle Zeit" siehe die Besprechung von Christian Buß, Euer Hass stärkt unsere Haltung" in Spiegel Online vom 15.12.2017.

ständnis entwickeln.[73] Dies ist auch in ihrem Interesse, damit sie nicht zum Spielball innenpolitischer Auseinandersetzungen werden. Nur so leisten sie einen Beitrag zur gesellschaftlichen Widerstandskraft (Resilienz) gegenüber Populismus und Nationalismus. Und nur so bleiben sie selbst resilient und ein verlässlicher Faktor im Schutz unserer freiheitlich-demokratischen Grundordnung.

Richten wir nun unseren Suchscheinwerfer auf das ausgehende Mittelalter, als Staaten sich formierten und Söldnerheere unterhielten. Machiavelli, der 1513 seine berühmte Abhandlung über den Fürsten[74] schrieb, ist vielen bekannt. Er ist sogar so populär, dass Bücher mit dem Titel „Machiavelli für Manager" oder „Machiavelli für Frauen" als Ratgeber Beachtung finden.[75] Für viele, die die politische Welt der Renaissance nicht verstehen oder sich davon abgrenzen wollen, ist machiavellisches Handeln grundsätzlich böse und tugendlos. Friedrich der Große beispielsweise schrieb seinen ‚Anti-Machiavell', um im 18. Jahrhundert als dem Zeitalter von Aufklärung und Vernunft sein ethisch fundiertes Politikverständnis als erster Diener des Staates zu unterstreichen.[76]

Machiavelli geht es in seinem Buch vor allem um politischen Machterhalt und -vergrößerung auf Kosten anderer. Heute nennen wir dies Realpolitik. Sie erlebt gegenwärtig

---

[73] Siehe dazu die neue Schrift von Donald Abenheim und Carolyn C. Halladay, „Rettet den Staatsbürger in Uniform!" Gedanken zu einem deutsch-amerikanischen Thema, Potsdam 2017.
[74] Nicolò Machiavelli, Der Fürst. Übersetzt von Philipp Rippel, Stuttgart 2014.
[75] Machiavelli für Manager. Sentenzen. Ausgewählt von Luigi und Elena Spagnol, Berlin 1995; Harriet Rubin, Machiavelli für Frauen. Strategie und Taktik im Kampf der Geschlechter, Frankfurt/M. 2000.
[76] Friedrich der Große nannte sein Buch „Der Antimachiavell" ursprünglich „Widerlegung des Fürsten Machiavellis".

nicht nur durch Putins[77] oder Erdogans innen- und außenpolitisches Handeln eine Renaissance. Auch die gegenwärtigen Tendenzen der Renationalisierung in Europa und den Vereinigten Staaten weisen deutlich sichtbare Spuren machiavellischen Denkens auf.

Aus historischen Fallbeispielen leitet Machiavelli zahlreiche praktische Ratschläge ab. Weithin bekannt ist seine Maxime, die grausamen Entscheidungen schnell und zu Beginn einer Regentschaft zu treffen. Übel sollen früh erkannt und im Keim erstickt werden. Eindeutig ist auch seine Aufforderung, dass derjenige, der dazu die Macht hat, erobern soll. Das Rational dafür ist sein Verständnis von Politik als ‚Nullsummenspiel': Man soll alles tun, damit andere nicht mächtiger werden, weil es sonst die eigene Macht einschränkt. Gutes oder ethisches Handeln führe dagegen zum eigenen Untergang. Der Fürst müsse dafür seine Persönlichkeit zurücknehmen und sich selbst ggf. zum Bösen erziehen, d.h. „…die Fähigkeit erlernen, nicht gut zu sein, und diese anwenden oder nicht anwenden, je nach dem Gebot der Notwendigkeit."[78] Lügen seien nicht nur legitim, sondern auch erforderlich. Schein und Propaganda wären wirksame Mittel gegenüber der eigenen Bevölkerung. Denn das Volk sei ein Pöbel und würde auch nicht besser handeln. Es scheidet damit als ein eigenständiger Akteur im strategischen Dialog aus. Armee und Volk stehen getrennt nebeneinander.

---

[77] John Mearsheimer vertritt die Auffassung, dass Russlands revanchistische Außenpolitik durch die Brille der Realpolitik betrachtet werden muss. Sie stünde im Gegensatz zum liberalen, vom Westen vertretenen Ansatz in den internationalen Beziehungen. (Two Worlds, two Playbooks: Why Moscow and Washington don't understand each other, 21.10.2016.).
http://valdaiclub.com/a/higllights/two-worlds-two-playbooks-moscow-and-washington.
[78] Machiavelli, Der Fürst, S. 67.

Elementar für den Staat seien zwei Dinge: gute Gesetze und ein gutes Heer.[79] Das Verhältnis des Herrschers zum Heer bedarf der besonderen Pflege: Der Herrscher sollte selbst die Kriegskunst beherrschen und sich so den Respekt und die Nachfolge seiner Soldaten sichern. Denn diese schätzten ihren Herrn wegen seiner politischen Macht und ausgezeichneten Kriegskunst, nicht wegen seiner ethisch legitimierten Politik. Im Heer selbst dürfe er sich nicht durch Ungerechtigkeiten verhasst machen; dies führe zu seinem schnellen Untergang.

Machiavelli kritisiert die gekauften Söldnerheere und fordert stattdessen Bürgerarmeen.[80] Dabei hatte er durchaus die republikanischen Tugenden des alten Rom im Hinterkopf. Es fällt aber auf, dass er das Verhältnis von Fürst und Soldat oder von Bürger und Soldat nicht weiter problematisiert. Rat sollen Soldaten nur geben, wenn der Fürst dies verlangt. Da das Heer ein entscheidendes Mittel im permanenten Machtkampf ist, dürfen Soldaten keine ethischen Skrupel haben. Die wichtigste Tugend des Soldaten ist die unbedingte Loyalität zum Fürsten. Fragen, wie sie etwa in dem wenige Jahre später erschienenen Traktat Luthers behandelt werden, ob Kriegsleute auch in seligem Stande sein könnten, spielen hier keine Rolle.

Heute besteht in demokratischen Staaten weithin Konsens, dass weder die Politik noch die zivil-militärischen Beziehungen machiavellisch sein sollten. Gleichwohl ist zu bedenken, dass wohl nicht nur bei autoritativen Politikern, sondern auch bei vielen in demokratischen Staaten Machiavellis Buch auf dem Nachttisch liegen dürfte. In den Politikwissenschaften kommt Machiavelli heute stärker als derjenige in den Blick, der die Gesetze der Politik herausgefiltert hat. In einer durch Unsicherheit geprägten Welt

---

[79] Machiavelli, Der Fürst, S. 53.
[80] Machiavelli, Der Fürst, S. 53-66.

verehren zudem nicht wenige Menschen autoritativ-charismatische Politiker als Felsen in der Brandung. Mit der Umwandlung von Wehrpflicht- in Freiwilligenarmeen und der Zunahme von privaten Sicherheitsunternehmen wächst die Neigung von Politik und Gesellschaft, Soldaten als bloße Instrumente zu betrachten. Soldaten sollten sich daher nicht durch Anerkennung und Privilegien eines postmodernen Kriegerkults verführen lassen. Auch eine die Soldatenseele streichelnde Äußerung wie „Dieser Staat wird Euch nicht missbrauchen" (Helmut Schmidt) darf diese nicht dazu verleiten, ihren kritisch-aufgeklärten Verstand auszuschalten.

Werfen wir nun einen Blick auf die Reformation vor 500 Jahren und auf Martin Luthers Schrift „Ob Kriegsleute auch in seligem Stande sein können"[81]. Luther hat sich explizit mit der Frage beschäftigt, wie Soldaten mit ruhigem Gewissen einem weltlichen Herrn dienen können, wenn es darum geht, Aufstände der Bevölkerung wie damals in den Bauernkriegen brutal niederzuschlagen. Durch seine Unterscheidung von Amt und Person ermöglicht er den Soldaten, mit gutem Gewissen Gewalt auszuüben für die Herrschenden – innen- wie außenpolitisch. Denn ihr von Gott gegebenes Amt fordere, das Böse zu bestrafen, Gerechte zu beschützen und Frieden zu bewahren.[82] Dabei gäbe es von dem Bösen genug, weil die Menschen ein Pöbel seien und sich nicht an die christliche Lehre hielten. Voraussetzung dafür ist zum einen, dass sie sich als Soldaten gut in der Ausführung des Amtes verhalten. Die biblische Aufforderung „Seid zufrieden mit eurem Sold, und tut niemandem Gewalt an oder Unrecht" ist einerseits Legitimation der Existenz des Soldaten, andererseits klares

---

[81] Martin Luther, Ob Kriegsleute auch in seligem Stande sein können, herausgegeben im Auftrag des Evangelischen Militärbischofs von Angelika Dörfer-Dierken und Matthias Rogg, Delitzsch 2014.
[82] Luther, Ob Kriegsleute, S. 17.

Verbot jeglichen Missbrauchs des Amtes. Der Soldat dürfe daher sein Amt auch gerne ausüben und, wenn erforderlich, mit der gebotenen Härte vorgehen. Das geht aber nicht soweit, dass er als Landsknecht freiwillig das Gefecht sucht, Kämpfe für Ehre, Lust oder Habsucht führt und unverhältnismäßig Gewalt ausübt. Ich glaube, dass dies auch in der Frage der Hinterbliebenen, ob ihr gefallener Sohn ein guter Soldat war, anklingt.

Luther behandelt nicht nur das Wie des Dienstes, sondern auch das Wozu. Kriege seien nur erlaubt als Verteidigungskriege. Für ihn steht fest: „Wer Krieg anfängt, ist im Unrecht."[83] Auch wenn die Anwendung von Gewalt grundsätzlich durch sein Amt legitimiert und er zu Gehorsam verpflichtet ist, seien Gewissensentscheidungen des Einzelnen weiterhin erforderlich. Sonst schlüge er „sowohl Seele wie Gewissen in den Wind."[84] In einem ungerechten Krieg solle der Soldat nicht kämpfen. Er müsse sich jedoch vergewissern, dass der Krieg tatsächlich ungerecht ist. Die Beweislast liegt also beim Soldaten. Dazu benötigt er eine gehörige Portion Klugheit und Zivilcourage. Der gute Soldat gehorcht also, aber er hält sein Gewissen wach und, wenn erforderlich, prüft er mit seinem kritischen Verstand, ob die befohlene Gewaltanwendung tatsächlich legitimiert ist. Gewissensgeleitete Klugheit bzw. ein ‚wohlunterrichtetes Gewissen' schützt den Soldaten davor, ein machiavellisches Gewaltinstrument zu sein.

Im Gegensatz zu Machiavelli hegt Luther Gewalt stärker ein. Zweck von Gewaltanwendung ist nicht Machterhalt bzw. -vergrößerung, sondern die Bewahrung des Friedens. Das ist durchaus bemerkenswert, denn die Reformation beruhte nicht zuletzt auf ihrer militärischen Absicherung. Über den Schutz des Protestantismus steht also der Frie-

---

[83] Luther, Ob Kriegsleute, S. 50.
[84] Luther, Ob Kriegsleute, S. 13.

den als höchster Grundwert. Von diesem Grundwert geleitet, müssten Soldaten ihr Gewissen befragen, bevor sie ihrem Herrn dienten, und sie dürften sich dabei nicht von ihm blenden lassen. Dies schließt auch kritische Anfragen ein. Widerstand dürfe der Soldat jedoch nur dann leisten, wenn er sich der Delegitimation sicher ist. Wenn der Krieg jedoch gerechtfertigt ist vor seinem Gewissen, dürfe und müsse er die notwendige Gewalt anwenden. Diese sei dann sogar ein „Werk der Liebe"[85], weil es darum gehe, das Böse zu bekämpfen.

Wesentlich erscheint mir, dass es sich bei der soldatischen Existenz nicht um eine Christenpflicht, sondern eine staatsbürgerliche Verantwortung handelt. Es geht nicht um Religion, sondern um den Staat.

Heute sehen viele Menschen den Einsatz von organisierter Gewalt zu politischen Zwecken grundsätzlich sehr skeptisch. Einigermaßen friedliche Zustände zu bewahren, steht eindeutig vor den beiden anderen Aufgaben, die Luther den Soldaten zuweist: das Böse bestrafen und Gerechte beschützen. Diese beiden Aufgaben sind von untergeordneter Bedeutung, wenn der Frieden nur einigermaßen gesichert ist.[86] Bisweilen könnte man den Eindruck haben, dass dies auch beim ISAF-Einsatz in Afghanistan ab dem Jahre 2002 der Fall war. Dieser Einsatz ist vielleicht auch ein Beispiel dafür, dass trotz einer friedenspolitischen Rhetorik der deutschen Außenpolitik es nicht nur um Afghanistan ging, sondern auch um Rolle und Einfluss Deutschlands in der NATO. Dies ist das Kerngeschäft von Politik

---

[85] Luther, Ob Kriegsleute, S. 18.
[86] Vielleicht liegt hier auch ein Grund für das subjektive Gefühl bei Soldaten, dass ihr Dienst nicht anerkannt und wertgeschätzt werde. Die Bereitschaft, Gewalt für das Gute auszuüben, wird nicht honoriert, weil Gewalt grundsätzlich verpönt ist und Sicherheit gegenüber äußeren Bedrohungen in weiten Kreisen vor allem der meinungsbildenden Eliten keinen hohen Stellenwert hat.

im Sinne der Realpolitik. Machiavellis Denken lässt sich also durchaus auch in einer werteorientierten Außenpolitik wiederfinden.

Mit Machiavelli ließe sich auch das „große Schweigen" der militärischen Führung der Bundeswehr trotz einer nie dagewesenen Gleichzeitigkeit unterschiedlichster Krisen, Konflikte und Kriege erklären. Die berechtigten Forderungen nach einer stärkeren Beteiligung der militärischen Elite an sicherheitspolitischen Debatten[87] stoßen sich hart an der Wirklichkeit, in der Loyalität zu den politischen Entscheidungsträgern im Vordergrund steht und Rat nur auf deren ausdrücklichen Wunsch gegeben werden darf. Hier besteht eine politisch-militärische Selbstblockade, die sich nicht zuletzt aufgrund der Indifferenz der Bevölkerung (oder einer von Politik und Militär diagnostizierten Indifferenz) weiter verfestigt.

2. Die Gedankenwelt der Inneren Führung

Ich mache nun einen großen Sprung in die Gegenwart, möchte aber zumindest erwähnen, dass die zivil-militärischen Beziehungen auch im Zeitalter der Nationalstaaten, die nach dem Westfälischen Frieden von 1648 berechtigt waren, Gewalt im zwischenstaatlichen Verkehr anzuwenden, problematisch blieben. Der im Krieg gegen Frankreich 1871 militärisch erfolgreiche preußische General Helmuth von Moltke zog in dem Konflikt mit Reichskanzler Otto von Bismarck über die Frage, welche Rolle der Politik im Kriege zukomme, den Kürzeren. Er konnte sich

---

[87] Siehe dazu beispielsweise Klaus Naumann, Einsatz ohne Ziel? Die Politikbedürftigkeit des Militärischen, Hamburg 2008, S. 48-89.

nicht mit seiner Position durchsetzen, dass die Politik nach Kriegsbeginn abwarten müsse, bis der Krieg beendet ist.[88]
Dies schaffte General Erich Ludendorff mit seiner Militärdiktatur 1917-1918. Erst als er trotz Mobilisierung des gesamten Staates keine Aussicht auf eine erfolgreiche Beendigung dieses ‚totalen Krieges' hatte, brachte er im Spätsommer 1918 die Politik zurück ins Spiel, um sich alsbald mithilfe der Dolchstoßlegende aus seiner militärischen Verantwortung zu stehlen.[89]

Die übermäßige politische Einflussnahme des Militärs auf Politik und Gesellschaft war nicht nur in Deutschland gängige Praxis. Auch Armeen demokratischer Staaten wie beispielsweise die britische Armee wurden in innenpolitische Streitigkeiten verwickelt und betrieben aktiv Politik. Die in den Kolonialkriegen gesammelten Erfahrungen haben sie dafür bereit und fit gemacht.[90] General Kurt von Schleichers Aktivitäten im Zuge der Machtübernahme Adolf Hitlers sind ein Beispiel für den unheilvollen politischen Einfluss, den aktive Militärs ohne parlamentarische Legitimation in der Politik haben können.[91]

Adolf Hitler wurde 1938 Oberbefehlshaber der Wehrmacht. Dank des bereits vier Jahre zuvor auf seine Person geleisteten „Führereides" war er nun Träger des absoluten Gehorsamsanspruchs gegenüber jedem einzelnen Soldaten. In die Operationsplanung insbesondere im Russlandfeldzug griff er bis auf die taktische Ebene ein. Daraufhin gab es bisweilen Ungehorsam von Generalen; viele von ihnen

---

[88] Helmuth von Moltke, On Strategy. In: Moltke on the Art of War. Selected Writings, edited by Daniel J. Hughes, Novato 1995, pp. 44-45. Siehe auch Werner Hahlweg, Das Clausewitzbild einst und jetzt. In: Carl von Clausewitz, Vom Kriege, Bonn 1991, S. 64-73.
[89] Gordon A. Craig, The Politics of the Prussian Army 1640-1945, London/Oxford/New York 1964, pp. 300-341.
[90] Siehe Hew Strachan, The Politics of the British Army, Oxford 1997.
[91] Henry Ashby Turner, Hitler's Thirty Days to Power, Reading u.a. 1996.

löste Hitler ab. Manche schafften es, Hitlers Befehle zu umgehen; bisweilen gab es couragierte Gegenvorstellungen.[92] Das Attentat des 20. Juli war ein „Aufstand des Gewissens". Insgesamt dürften allerdings Dietrich Bonhoeffers Worte aus dem Jahr 1943 zutreffen, in denen er feststellte, nie habe er so „... viel Tapferkeit und Aufopferung, aber fast nirgends Zivilcourage gefunden".[93]

Mit Platon, Cicero, Machiavelli und Luther habe ich vier Geistesgrößen der europäischen Geschichte auf ihr Verständnis der zivil-militärischen Beziehungen befragt. Aufgrund ihrer fundamentalen Unterschiede eignen sie sich gut als ein Kompass für unsere Orientierung in Zeiten der Verunsicherung. Diesen Kompass mit seinen vier unterschiedlichen Denkrichtungen nutze ich nun, um die Innere Führung zu verorten. Diese seit Gründung der Bundeswehr in den 50er Jahren des letzten Jahrhunderts gültige Führungsphilosophie entstand unter dem Eindruck der militärischen und moralischen Katastrophe des II. Weltkrieges sowie des beginnenden Kalten Krieges.

Die Innere Führung stellt die Existenz des neuen deutschen Soldaten der Bundesrepublik Deutschland unter den Leitbegriff des Friedens. Dies war die zentrale Lehre aus den beiden Weltkriegen. Die Mütter und Väter des Grundgesetzes verankerten sie in dessen Präambel. Institutionen wie beispielsweise die Kirchen richteten ihr Denken und Handeln an diesem Leitbegriff aus. Es war aber nicht nur der Blick zurück, sondern auch die Analyse von Gegenwart und Zukunft, die diese Friedensorientierung zum Gebot der Nachkriegsepoche machte. Denn angesichts der Zerstörungskraft der atomaren Waffen blieb die Verhinderung des Krieges zwischen den beiden Militärbündnissen von

---

[92] Beispiele dafür liefert Karlheinz Frieser in seiner bereits angeführten Rekonstruktion des Ostfeldzuges 1943/44.
[93] Dietrich Bonhoeffer, Widerstand und Ergebung, München 1990, S. 10.

NATO und Warschauer Pakt die einzig vernünftige politische Option.[94]

Im Mittelpunkt der Inneren Führung steht das Leitbild des Soldaten als ‚Staatsbürger in Uniform'. Dies war nicht nur aufgrund der gewünschten Integration des Soldaten in die demokratische Gesellschaft erforderlich (Stichwort: Politischer Sonderstatus der Reichswehr in der Weimarer Republik), sondern auch angesichts des damaligen Kriegsbildes.[95] Mit der Charakterisierung des Kalten Krieges als eines „permanenten Weltbürgerkrieges" unterstrich Baudissin, dass es neben der atomaren und konventionellen Bedrohung noch eine ganz andere gab, die er sogar in den Vordergrund rückte: die gegnerische Propaganda und Subversion, mit der der Verteidigungswille untergraben werden sollte.[96] Jedes halbherzige Lavieren in demokratischen Angelegenheiten reduziere die Schlagkraft der Armee und führe zum Sieg des Totalitären.[97] Das Leitbild des ‚Staatsbürgers in Uniform' resultierte anfänglich also nicht nur aus dem Streben nach Demokratieverträglichkeit des Militärs, sondern diente gleichzeitig auch dem Zweck der Erhöhung der Schlagkraft der Armee sowie der Resilienz von Politik und Gesellschaft. Damals wurde dafür der Begriff der ‚geistigen Rüstung' geprägt. Gerade die Überzeugung vom Wert der Demokratie, von Freiheit und Frieden, von Menschenwürde und Recht diente als Gradmesser für die

---

[94] Siehe dazu die zahlreichen Artikel und Vorträge von Baudissin, zusammengestellt in Wolf Graf von Baudissin, Grundwert Frieden in Politik – Strategie – Führung von Streitkräften, herausgegeben und eingeleitet von Claus von Rosen, Berlin 2014.
[95] Handbuch Innere Führung, S. 23. Siehe dazu auch Hartmann, Hybrider Krieg, S. 73-78
[96] Handbuch Innere Führung, S. 36: „Solange militärisches Gleichgewicht der Weltmächte besteht und der Einsatz von Massenvernichtungswaffen droht, wird der Schwerpunkt der Aggression naturgemäß auf geistiges Gebiet verlagert."
[97] Handbuch Innere Führung, S. 25.

‚geistige Rüstung' auch des ‚Staatsbürgers in Uniform'. Dies machte auch sehr viel Sinn. Denn Deutschland lag damals im Zentrum der weltweiten ideologischen Auseinandersetzungen zwischen Ost und West. In der damaligen DDR schufen die Sowjets und der SED-Staat eine ‚Armee sozialistischen Typs' mit strikter Kontrolle durch die Partei und einem totalitären Führungsverständnis. In bewusster Abgrenzung dazu und als Schutz vor totalitären Verführungen verfügte der westdeutsche Soldat in der Bundeswehr von Anfang an über demokratische Rechte, die sogar noch die der Armeen von Bündnispartnern übertrafen. Er genoss weithin Denk- und Redefreiheit, und er sollte sich in die sicherheitspolitische und strategische Debatte einbringen. Dies war nicht nur sein Recht, sondern auch seine Pflicht. Über die Wehrpflicht und die sicherheitspolitische Debatte trug der Soldat selbst wesentlich zur Resilienz der gesamten Gesellschaft bei, indem er, wie Clausewitz es mit Hilfe der „wunderlichen Dreifaltigkeit" beschrieb, „… dem Hass und der Feindschaft, die wie ein blinder Naturtrieb anzusehen sind…", Sinn und Rationalität von Verteidigung entgegensetzte. Militärischer Sachverstand sollte eine eskalative Emotionalität angesichts der Zerstörungskraft moderner Waffen und der Allgegenwart propagandistischer Verführungen einhegen und damit in ihrer Wirkung begrenzen.

Erneut zeigt sich, dass Klugheit und Zivilcourage die primären Tugenden des Soldaten sein sollten. Die klassischen soldatischen Tugenden wie Tapferkeit, Treue, Kameradschaft und Wahrhaftigkeit sind wie die staatsbürgerliche Bildung zwar gesetzlich verankert und damit von hoher Relevanz und Sichtbarkeit, aber eindeutig dem Leitbegriff des Friedens sowie der politisch begründeten Klugheit untergeordnet. Sie führen kein selbständiges Dasein, sondern benötigen eine vorgesetzte Instanz.

Wie eng Klugheit und Sekundärtugenden aufeinander angewiesen sind, zeigt das neue Verständnis der Auftragstaktik, die heute Führen mit Auftrag heißt. Schon in deutschen Armeen vor 1945 wurde Auftragstaktik entwickelt und mit frappierenden taktisch-operativen Erfolgen angewandt. Die Orientierung an der Absicht des militärischen Führers, die Selbständigkeit in der Auftragsdurchführung, das Abweichen vom Auftrag bei grundlegenden Lageänderungen, die Rolle des Gewissens, all dies gab es schon früher. Das Neue der Inneren Führung besteht darin, dass sie diese Denk- und Handlungsprozesse an das pluralistische Politische und dabei insbesondere an das Grundgesetz mit seiner Präambel und seinem Art. 1 über die Unantastbarkeit der Menschenwürde bindet. Führen in der Bundeswehr ist, wie bereits zuvor schon erläutert, immer Führen mit politisch-rechtlich begründetem Auftrag.

Damit wird auch der Dreiklang des Leitbildes des Soldaten verständlich: Er ist freier Mensch, vollwertiger Staatsbürger und guter Soldat.[98] Und zwar in dieser Reihenfolge. Die Konzeption der Inneren Führung stellt unmissverständlich klar, dass militärisch-handwerkliches Können bei weitem nicht ausreicht. Ethisches und politisches Selbstbewusstsein sind unhintergehbare Voraussetzungen dafür, ein guter Soldat zu sein. Daraus erwächst ein enormes Anforderungspotential an Soldaten, das auch die Väter der Inneren Führung als fast erschreckend bewerteten.[99]

Der Kompass, mit dem wir gerade das weite Feld der Inneren Führung durchschritten haben, weist uns den Weg also eindeutig in Richtung Cicero und Luther.

---

[98] Zitiert nach Claus von Rosen, Die ZDv 10/1 Innere Führung von 2008. Vorschrift – Handbuch – Überbau. In: Jahrbuch Innere Führung 2009. Die Rückkehr des Soldatischen, herausgegeben von Uwe Hartmann, Claus von Rosen, Christian Walther, Eschede 2009, S. 23. Siehe auch Handbuch Innere Führung, S. 41-46.
[99] Handbuch Innere Führung, S. 36.

An dieser Stelle möchte ich die bisherigen Ausführungen über den guten Soldaten kurz zusammenfassen:
- Klugheit ist auch für Soldaten die höchste aller Tugenden.[100] Rein militärische Professionalität wäre eine Kapitulation vor der Komplexität moderner Konflikte. Der Soldat sollte mit ganzer Kraft versuchen, Natur und Erscheinungsformen des Krieges mit seinen intellektuellen Fähigkeiten umfassend zu durchdringen. Die Tugend der Klugheit umgreift das Politische sowie das Ethische: Politisches und ethisches Mitdenken sind unverzichtbar für die Übernahme von Verantwortung im Krieg als einem äußerst widrigen, durch Gewalt, Ungewissheit und Strapazen gekennzeichneten Handlungsfeld. Und am Ende jedes kriegerischen Tuns steht notwendigerweise der Frieden, der für den Soldaten der oberste politisch-ethische Orientierungspunkt sein muss. Klugheit benötigt der Soldat auch in innenpolitischen Auseinandersetzungen, in denen er als Staatsbürger in besonderer Weise den Werten und Normen des Grundgesetzes verpflichtet ist. Er weiß um die Grenzen menschlicher Erkenntnis und leitet daraus Kommunikationsbereitschaft sowie Toleranz gegenüber den Meinungen Andersdenkender ab. Ohne Bindung an die umgebende Gesellschaft und aktive Teilnahme an der Demokratie stünde der Soldat nicht nur in der Gefahr, von der Politik als bloßer Söldner oder Krieger eingesetzt zu werden. Er würde zudem zum Spielball innenpolitischer Auseinandersetzungen und zum (un-) freiwilligen Helfer populistisch-nationalistischer Bewegungen, denen es weder um sein Wohl noch um die Schlagkraft der Streitkräfte geht.

---

[100] Siehe dazu grundlegend Josef Pieper, Das Viergespann, München 1964, S. 13-64.

- Friedensorientierung als Ausdruck ethisch begründeter Politik steht in einem strikten Gegensatz zu dem realpolitischen Machtstreben, das, wenn es opportun erscheint, ungehemmt auf das Mittel des Krieges zurückgreift. Bei ersterer ist der Soldat ein gewissensgeleitetes Subjekt, bei dem zweiten ein bloßes Objekt. In der wirklichen Welt stehen selbst bei Regierungen, die eine ethisch legitimierte Außen- und Sicherheitspolitik verfolgen, manchmal realpolitische Erwägungen im Vordergrund. Der Soldat steht in dieser Spannung, die sein Gewissen herausfordern kann. Keinesfalls darf er sich durch hehre politische Zielsetzungen blenden lassen.

- Das Verhältnis zwischen Politik und Militär bleibt immer mehr oder weniger spannungsgeladen. Nur im utopischen Idealstaat bei Platon wären die zivilmilitärischen Beziehungen konfliktfrei. Der Soldat darf diese natürlichen Spannungen nicht durch unrealistische Erwartungen an die Handlungsfähigkeit der Politik überhöhen. Zudem muss er sich an den demokratischen Entscheidungs- und Diskussionsprozessen über Fragen von Krieg und Frieden öffentlich und im privaten Umkreis beteiligen. Dies ist ein wesentlicher Beitrag dafür, dass die Politik ihr militärisches Instrument versteht und Streitkräfte sinnvoll einsetzt und dass die Gesellschaft sich weder gleichgültig noch von Emotionen aufgeladen verhält.

- Sekundärtugenden wie Disziplin, Härte, Gehorsam und Haltung sind unverzichtbar; sie erwachsen aus der Natur des Krieges. Sie sind angemessen in der militärischen Ausbildung und soldatischen Erziehung genauso wie im Führungs- und Traditionsverständnis zu berücksichtigen. Dabei sollte beachtet werden, dass sie nicht das Primat haben, sondern durch Klugheit geleitet werden. Dieses Primat der Klugheit darf aber nicht zu deren Geringschätzung führen. Ganz im Gegenteil. Sie benötigen Wertschätzung, damit Soldaten sich im Krieg bzw. Einsatz den besonderen Herausforderungen an Geist und Körper stellen können. Allerdings dürfen Soldaten die aus der Sondersituation des Krieges abgeleiteten Tugenden nicht auf die gesamte Gesellschaft übertragen. Diese dürfen weder Maßstab für deren kritische Beurteilung der Zivilgesellschaft noch Rechtfertigung für ihre auf elitärem Überlegenheitsgefühlen beruhende, selbst gewählte Isolation sein („Sui-generis'-Anspruch).

– Bei der Herausbildung von Tugenden geht es nicht nur um den Einzelnen, sondern um die gesamten Streitkräfte. Daraus erwächst auch das spezifische Verständnis von soldatischer Erziehung. Erziehung meint nicht einen personalen Herrschaftsanspruch von Vorgesetzten gegenüber ihren Untergebenen, wobei erstere in die Persönlichkeitsentwicklung der letzteren direkt eingreifen. Sie meint vielmehr die Gestaltung der Rahmenbedingungen des militärischen Dienstes in einer Art und Weise, dass Erziehungsziele über Erlebnisse, Eingewöhnung und Einsicht erreicht werden. Bildung ist der pädagogische Begriff für die Herausbildung von Tugenden und dabei insbesondere der Klugheit beim Einzelnen.

– Wegen der durch antagonistische Gewaltsamkeit geprägten Natur des Krieges ist der Soldat immer ein Kämpfer.[101] Zugleich ist er, unabhängig von seinem Dienstgrad, ein ‚strategisches Subjekt'. Sein Tun in Krieg und Frieden hat einen politischen Zweck, ob er dies weiß und wahrhaben will oder nicht. Als Mensch

---

[101] Es gibt im Krieg zunehmend Gewaltphänomene, die oft ohne Antagonismen geschehen, z.B. Kriegsverbrechen. Der echte Kämpfer hat einen Gegner zur Voraussetzung, der ihn verwunden kann.

verfügt er über eine unantastbare Würde. Ganz im Sinne Luthers und Ciceros ist der Soldat zunächst und immer auch Mensch und Staatsbürger mit ethisch-politischem Bewusstsein und damit verbundener Verantwortung. Er betrachtet daher sein Handeln jederzeit durch eine politisch-ethische Brille. Er anerkennt, dass auch die Politik Handeln unter besonders erschwerten Bedingungen ist und dass politische Ziele immer wieder angepasst werden müssen. Er weiß um die (Selbst-) Verpflichtung, sich aktiv in die politischen Entscheidungsprozesse einzubringen. Er wartet nicht, bis sein Wissen und Rat gefragt sind, sondern bietet diese auch im Umgang mit Bürgerinnen und Bürgern sowie gegenüber der Politik in geeigneter Form aktiv an. Er zeigt die besonderen Anforderungen, die Kriege an die Menschen stellen, auf und erläutert, warum spezifische soldatische Tugenden und kulturelle Eigentümlichkeiten unverzichtbar sind.

IV Der gute Soldat in der Praxis

Im Folgenden gehe ich der Frage nach, wie das Bild des guten Soldaten, das ich aus der europäischen Geistesgeschichte von der Antike bis zu den Anfängen der Inneren Führung rekonstruiert habe, sich in der Bundeswehr gegenwärtig wiederfindet. Dazu werfe ich einen Blick in einschlägige Vorschriften und Erlasse zur Inneren Führung sowie zur Tradition und Truppenführung. Abschließend konfrontiere ich die Sollvorgaben und Wunschbilder mit der Wirklichkeit des soldatischen Dienens. Hierzu greife ich auf empirische Untersuchungen der bundeswehreigenen Ressortforschung sowie auf Selbstdarstellungen und Erfahrungsberichte von Soldaten zurück.

1. Vorschriften und Erlasse

ZDv 10/1 Innere Führung. Selbstverständnis und Führungskultur der Bundeswehr

Die Zentrale Dienstvorschrift (ZDv) 10/1[102] ist die Vorschrift, in die man zuerst hineinschauen sollte, um etwas über das Bild vom guten Soldaten zu erfahren. Denn, so steht es gleich zu Beginn der Vorbemerkungen, sie „legt die Konzeption der Inneren Führung fest. Sie ist die grundlegende Vorschrift für den Dienst in der Bundeswehr."[103] Dem Leser bietet sie Führungsgrundsätze, das Leitbild vom ‚Staatsbürger in Uniform', allgemeine Verhaltensnormen für die Gestaltung des Dienstes, Leitsätze für Vorgesetzte sowie eine detaillierte Auflistung der Rechte

---

[102] Mit Einführung des ‚Allgemeinen Regelungsmanagements' heißen Vorschriften der Bundeswehr neuerdings Regelungen. Die Zentrale Dienstvorschrift (ZDv) 10/1 trägt nunmehr die Nummerierung A-2600/1. Im Folgenden werde ich sie weiterhin als 10/1 anführen. Deren Vorgängerversionen stammen aus den Jahren 1972 und 1993.
[103] 10/1 Vorbemerkungen Nr. 1.

und Pflichten der Soldatinnen und Soldaten der Bundeswehr. Weitaus stärker als ihre Vorgängerversionen versucht die seit 2008 gültige Vorschrift, einer immer wieder vorgebrachten Kritik gerecht zu werden und dem Soldaten Verhaltenssicherheit durch praktische Handlungsanweisungen zu geben. Diese beinhalten allerdings keine Wenn-dann-Regelungen, sondern – wie es deutscher Militärtradition entspricht – Grundsätze, die dem Soldaten Ermessensspielräume gewähren.[104] Der Soldat soll also selbständig den für die jeweilige Führungssituation angemessenen Grundsatz auswählen und bei dessen Anwendung die Bedingungen vor Ort berücksichtigen. Grundsätze als handlungsleitende Maximen gehen also einher mit der Forderung nach einem mitdenkenden Gehorsam. Geistige Freiheit und Verantwortungsfreude bilden den Kern der deutschen Militärtradition.

Inhaltlich greift die Vorschrift eingängige Merksätze wie beispielsweise „Wer Menschen führen will, muss Menschen mögen" oder weithin bekannte pädagogische Grundsätze wie das „Vorbildsein" auf. Auch damit steht die 10/1 in einer deutschen Militärtradition, die bis zu Friedrich dem Großen zurückreicht und einen pietistischen Geist atmet.[105] Darüber hinaus beinhaltet sie moderne Methoden der Menschenführung wie beispielsweise die Beteiligung der Betroffenen an Entscheidungsprozessen. Sie hat neuerdings Grundsätze aufgenommen, welche die Einsatzrealität und multinationale Zusammenarbeit der Soldaten widerspiegeln. Im Vordergrund steht dabei die

---

[104] Siehe hierzu die Abschnitte über Tradition und Truppenführung.
[105] Siehe dazu Friedrich der Große, Die Werke Friedrichs des Großen, herausgegeben von G.B. Volz, Bd. 6, Berlin 1913, S. 32f. Zur pädagogischen Realität in der preußischen Armee siehe Ullrich Marwitz, Die Grundlagen deutscher militärischer Tradition im Zeitalter des Absolutismus. In: Militärgeschichtliches Forschungsamt (Hrsg.), Tradition in deutschen Streitkräften bis 1945, Herford und Bonn 1986, S. 19-65.

interkulturelle Kompetenz. Insgesamt ist die 10/1 eine Mischung aus Tradition, moderner Führungslehre sowie Lehren aus den Einsätzen.

Adressaten der Vorschrift sind nicht nur aktive Soldaten und Reservisten, sondern auch die zivilen Mitarbeiter der Bundeswehr. Damit setzt sie einen neuen Akzent. Allerdings geht sie nicht näher auf die besonderen Herausforderungen der Zusammenarbeit von Angehörigen der Bundeswehr mit und ohne Uniform ein.

Im Folgenden geht es um die Frage, inwieweit die in diesem Essay aus der europäischen Geistesgeschichte herausgearbeiteten Tugenden des guten Soldaten in der 10/1 wiederzufinden sind. Vor allem möchte ich herausfinden, welche Rolle die Tugend der Klugheit darin spielt und welches Verständnis der demokratischen zivil-militärischen Beziehungen dieser Vorschrift zugrunde liegt.

Um schon an dieser Stelle die Katze aus dem Sack zu lassen: Das Leitbild des ‚Staatsbürgers in Uniform', wie es in der 10/1 in groben Strichen skizziert wird, ist undeutlich und in sich wenig schlüssig. Es enthält wenig von Ciceros staatsbürgerlicher Verantwortlichkeit des Soldaten, dafür viel von Platons Ideenlehre, weil es die auf einer Idee von Wahrheit beruhende Legitimation des Dienstes als möglich und gegeben voraussetzt. Es enthält kaum etwas von Luthers Aufforderung, einen gegebenen militärischen Auftrag vor seinem Gewissen zu prüfen, dafür aber viel Machiavelli, d.h. eine starke Betonung des instrumentellen Charakters des Militärs. Insgesamt vermittelt die Vorschrift den Eindruck, als wäre die Innere Führung vor allem eine Konzeption für den friktionslosen zwischenmenschlichen Umgang innerhalb der Streitkräfte. Der ursprüngliche Gedankenreichtum der Inneren Führung, der vom Kriegsbild über strategische Fragen der Sicherheit in Europa bis zu den zivil-militärischen Beziehungen reichte und daraus Folgerungen für Führung, Ausbildung und Erziehung ableitete[106], ist nahezu komplett ausgeblendet. So wird die Innere Führung zu einer Führungsphilosophie ohne theoretisches Dach und damit auch ohne Begründung ihrer insgesamt sinnvollen Grundsätze und Verhaltensnormen für den Umgang der Soldaten untereinander. Da diese recht zivil erscheinen und weithin auch in den Hochglanzbroschüren größerer Wirtschaftsunternehmen auftauchen könnten, stellt sich die Frage, inwieweit sie tatsächlich das Handeln als einer „Bewegung im erschwerenden Mittel" in Politik und Militär oder in Krieg und Frieden widerspiegelt und dafür Orientierung geben kann.

Geradezu zerstückelt ist das Leitbild vom ‚Staatsbürger in Uniform'. Warum die Orientierung des Soldaten an diesem Leitbild ihm am besten dabei hilft, den Anforderungen moderner Konflikte zu genügen, kommt genauso wenig zum Ausdruck wie die Bedeutung der politischen Klugheit als Kardinaltugend. Die Vorschrift porträtiert den ‚Staatsbürger in Uniform' als jemanden, der Rechte hat und diese wahrnimmt und einfordert. Ein Admiral der Bundesmarine sagte dazu kürzlich, die Innere Führung stünde „… weniger (für) die Würde als vielmehr für die Wünsche des Menschen". Immerhin fordert sie, dass der Soldat sich in seinem Dienst und gerade auch im Einsatz an den Werten des Grundgesetzes orientiert. Kaum wiederzufinden ist allerdings das, was die ursprüngliche Innere Führung in den Mittelpunkt ihres Gedankengebäudes gerückt hatte: die Mitverantwortung des Bürgers für Freiheit und Frieden, sein Soldatsein als Ausdruck dieser politischen Verantwortung, und seine Bereitschaft, das Angebot der Beteiligung nicht nur in dienstlichen Angelegenheiten, sondern auch in der Gestaltung des Gemeinwesens, der *res publica* Ciceros, aktiv wahrzunehmen.

---

[106] Die Vorträge und Schriften Baudissin sind abgedruckt in Wolf Graf von Baudissin, Grundwert Frieden, herausgegeben von Claus von Rosen, Berlin 2014.

Seltsam verengt ist auch die historische Ableitung der Inneren Führung. Sie könne, so postuliert die Vorschrift, auf die „besondere Situation" nach 1945 zurückgeführt werden. Das ist sicherlich nicht falsch, aber eben nicht die ganze Wahrheit. Denn in die Ausarbeitung der Inneren Führung sind Gedanken aus der gesamten europäischen Geistesgeschichte eingeflossen. Ihr Kern ist ohne ein Verständnis von Antike, Reformation, Aufklärung und Neuhumanismus nicht zu verstehen. Um es noch plakativer zu sagen: Sie ist zunächst einmal in der negativen Abgrenzung zu Reichswehr und Wehrmacht entstanden, schöpft ihre positive Kraft allerdings aus der gesamten europäischen Geistesgeschichte.

Da der theoretische Überbau der Vorschrift unzureichend ist, nimmt es nicht wunder, dass auch die strategische Dimension des ‚Staatsbürgers in Uniform' nahezu vollständig ausgeblendet ist. Dies führt dazu, dass eine Traditionslinie gezeichnet wird, die so gar nicht existiert. Die Autoren der Vorschrift stellen einen unmittelbaren Zusammenhang her zwischen der Auftragstaktik aus der Zeit vor 1945 und der Inneren Führung ab 1950. Selbstverständlich gibt es hierbei viele Gemeinsamkeiten, aber es gibt eben auch den einen, bereits weiter oben schon angesprochenen fundamentalen Unterschied: Während die Auftragstaktik dem Soldaten Freiräume in der Art und Weise der Durchführung eines militärischen Auftrags gibt, geht die ursprüngliche Innere Führung darüber hinaus: Sie zeichnete das Bild des ‚Staatsbürgers in Uniform' als eines ‚strategischen Gefreiten', der nicht nur auf der taktischen, sondern auch auf der strategischen Ebene mitdenkt, der also die politische Wirkung seines Tuns und dessen ethische Legitimation in seinem Denken und Handeln berücksichtigt. Dabei stellt sie den ‚strategischen Gefreiten' nicht in ein negatives Licht. Sie versteht ihn also nicht als einen Soldaten niedrigen Dienstgrades, der durch sein Handeln ungewollte strategische Effekte erzielt und dadurch Politiker genauso wie Generale und Admirale verärgert[107]. Sie bewertet ihn vielmehr positiv: als einen Soldaten, der jederzeit sein auf einem mitdenkenden Gehorsam beruhendes Handeln mit den zu erreichenden politischen Zielen, letztlich mit dem Frieden, verbindet. Dieser revolutionäre Neuansatz, der aus der Erfahrung mit Reichswehr und Wehrmacht resultiert, gleichwohl die Quintessenz europäischer Geistesgeschichte ist, findet in der aktuellen Vorschrift keine Beachtung. Dabei wäre er gerade bei den heutigen nicht-existentiellen politischen Konflikten so wertvoll.

Die ‚wunderliche Dreifaltigkeit' der Inneren Führung – Mensch, Staatsbürger, Soldat – wird in der aktuellen Vorschrift zwar noch aufgeführt[108], letztlich sind ihre Inhalte aber stark auf die Rolle des Soldaten reduziert. Um es plakativ zu sagen: Für Cicero und Luther war nur wenig Platz in der kurz-knappen Menschenführungsfibel. Ihr strategischer Kern, nämlich die Ausgestaltung der ‚Clausewitz'schen Dreifaltigkeit' von Politik, Gesellschaft und Militär im Allgemeinen und der zivil-militärischen Beziehungen im Besonderen als Voraussetzung für schlagkräftige Streitkräfte, ist kaum mehr zu erkennen.

Immerhin sieht die Vorschrift den Soldaten insoweit als ein strategisches Subjekt, als sie ihn auffordert, an politischen Willensbildungsprozessen teilzunehmen. Allerdings

---

[107] Der Begriff des ‚strategischen Gefreiten' geht auf General Charles C. Krulak der US-amerikanischen Marines zurück. Zur Verbindung dieses Begriffs mit der Inneren Führung siehe Angelika Dörfler-Dierken, Philipp Heinrich, Der „strategische Gefreite" – Mannschaften und die Herausforderungen der Inneren Führung. In: Uwe Hartmann, Claus von Rosen (Hrsg.), Jahrbuch Innere Führung 2015. Neue Denkwege angesichts der Gleichzeitigkeit unterschiedlicher Krisen, Konflikte und Kriege, Berlin 2015, S. 149-190.
[108] 10/1, Nr. 315.

betont sie gleich mehrfach die Grenzen seiner Meinungsäußerung.[109]

Zusammenfassend möchte ich an dieser Stelle feststellen: Dem in der 10/1 skizzierten Selbstverständnis des Soldaten fehlt die Verantwortung für die Demokratie als dem Zentrum seiner persönlichen Kraftentfaltung. Politische Klugheit als übergeordnete Instanz für die zahlreichen Tugenden des Soldaten wird reduziert auf die Vorbereitung für Einsätze in fremden Regionen. Von einer ‚kriegerischen Tugend des Heeres' ist wenig zu spüren, was auch nicht verwunderlich ist, da Erziehungsbegriff und -auftrag mittlerweile völlig in Vergessenheit geraten sind.[110] Insgesamt macht die Vorschrift den Weg frei für (soldatische) Tapferkeit ohne (staatsbürgerliche) Zivilcourage. Dabei vermeidet sie fast jeden Hinweis auf Situationen, in denen Tapferkeit und Zivilcourage gefordert sind.

Betrachtet man die aktuelle Vorschrift durch die Brille der frühen Debatten über Innere Führung, die durch Wolf Graf von Baudissin, Günther Will, Ulrich de Maizieré, aber auch durch deren Gegenspieler wie beispielsweise Heinz Karst geprägt waren, drängt sich der Eindruck auf, dass die

---

[109] 10/1, Nr. 627, S. 47, 52. Zur Praxis der Meinungsäußerung von Soldatinnen und Soldaten der Bundeswehr siehe auch die Einschätzung von Thomas Wiegold, Journalismus über Militär und Krieg im digitalen Zeitalter. In: Reader Sicherheitspolitik, herausgegeben vom BMVg, 1/2015. Was möglich ist, habe ich in meinem Beitrag „Die Innere Führung in der Krise? – Thesen zur Weiterentwicklung der Führungsphilosophie für die Bundeswehr. In: Jahrbuch Innere Führung 2011, Berlin 2011, S. 311-313 aufgezeigt.

[110] Das Ende der soldatischen Erziehung ist gleichzeitig auch der Ende der pädagogischen Autonomie militärischer Vorgesetzter. Die Innere Führung hat diese traditionelle Autonomie in die Bundeswehr „gerettet" und vor der zunehmenden zivilen Kontrolle geschützt. Mit dem Niedergang der Inneren Führung zeichnet sich auch beim Wehrdisziplinarrecht eine deutliche Einschränkung ab. Die Streitkräfte verfügen nicht über die geistige Widerstandskraft, diese sinnvolle Tradition zu bewahren.

heutige Vorschrift zur Inneren Führung nur noch ein Torso ist. Dennoch schafft sie es, dem Leser den Eindruck zu vermitteln, die Innere Führung sei ein handelndes, autonomes und geradezu allmächtiges Subjekt. Viele Grundsätze und Normen beginnen mit „die Innere Führung gewährleistet ..." oder „... stellt sicher..." oder „...verwirklicht...". Der Leser kann dadurch fälschlich auf den Gedanken kommen, dass die Innere Führung auf den guten Soldaten eigentlich gar nicht angewiesen ist. Oder, um ein bekanntes Bonmot abzuwandeln: Wie gut würde doch die Innere Führung funktionieren, wenn nur die Soldaten nicht wären!

Glücklicherweise gelingt es dem damaligen Bundesminister der Verteidigung, Dr. Jung, in seinem der Vorschrift vorangestellten Tagesbefehl die Vorgesetzten in die Pflicht für deren Umsetzung zu nehmen („Das Führungsverhalten der Vorgesetzten ist ausschlaggebend für die lebendige Umsetzung der Grundsätze der Inneren Führung.")[111]. Und auch die Vorschrift selbst weist auf ihren hinteren Seiten doch noch darauf hin, dass Vorgesetzte die Innere Führung zur Wirkung bringen und beispielhaft vorleben müssten.[112] Doch letztlich ist die Personalisierung der Inneren Führung als Akteur so dominant, dass es geradezu logisch erscheint, Fehler, Skandale und Versagen nicht einzelnen Führungskräften in der Bundeswehr oder in Politik und Gesellschaft zuzuschreiben, sondern dieser Konzeption anzulasten. Wer dann noch die in zahlreichen Grundsätzen formulierte hohe Erwartungshaltung an die Leistungsfähigkeit der Soldatinnen und Soldaten ernst nimmt, kann angesichts der Skandale der letzten Jahre eigentlich nur zu dem Schluss gelangen, dass die Innere

---

[111] Tagesbefehl des Bundesministers der Verteidigung, Dr. Franz Josef Jung, vom 28. Januar 2008.
[112] 10/1, Nr. 601 und Nr. 644.

Führung ihre eigenen Ansprüche nicht erfüllen kann und daher gescheitert ist.

Dazu passt auch, dass die Vorschrift den Eindruck erweckt, die Innere Führung liefere die Legitimation von Auftrag, Aufgaben und Einsätzen der Bundeswehr „frei Haus". Diese Erwartung stellt die Innere Führung auf den Kopf und entleert das Leitbild vom ‚Staatsbürger in Uniform'. Die individuelle Gewissensprüfung des Soldaten wäre dann genauso wenig erforderlich wie seine Beteiligung an den demokratischen Meinungsbildungsprozessen gerade auch in sicherheitspolitischen Fragen. Hohe Erwartungshaltungen ohne eigenes Engagement führen zwangsläufig zu Enttäuschungen. Die Darstellung der Inneren Führung als allmächtiges Subjekt entmündigt den Einzelnen, der weder etwas für sich (Selbsterziehung) noch für die Streitkräfte (Erziehung) tun muss, sondern berechtigt erscheint, angesichts unerfüllter Erwartungen über sein trauriges Schicksal zu lamentieren.

Mancher Leser der Vorschrift mag gar den Verdacht hegen, dass es bei ihren Grundsätzen gar nicht um Handlungssicherheit für Soldaten geht, sondern um Rückversicherung und Verantwortungsdiffusion für Politik und militärische Führung. Für das BMVg hatte die Innere Führung immer auch die überaus nützliche Funktion, bei Skandalen Politik und Gesellschaft mit dem Hinweis zu beruhigen: „Keine Sorge. Wir haben ja die Innere Führung. Damit bekommen wir die Probleme in den Griff." Das hat auch funktioniert, solange Politik und Gesellschaft Vertrauen in die Innere Führung hatten. Die politischen Entscheidungsträger haben die Innere Führung gewissermaßen gekidnappt oder, um es im machiavellischen Sprachgebrauch auszudrücken, als Mittel für ihren Machterhalt genutzt. Wenn dabei überhaupt ein schlechtes Gewissen aufkam, wurde es mit der Begründung „Die Truppe ist ja leidensfähig"[113] ruhiggestellt. Viele Menschen, deren Emotionen durch Skandale wie beispielsweise die Schädelbilder in Afghanistan im Jahre 2006 kurz in Wallung kamen, die aber eigentlich kein Interesse an einer wirklichen Aufarbeitung von Fehlentwicklungen oder einer Verbesserung der demokratischen zivil-militärischen Beziehungen, geschweige denn der Führungskultur innerhalb der Bundeswehr hatten, schluckten diese Beruhigungspille allzu bereitwillig und waren zufrieden. Das Resultat war dann ‚Friede, Freude, Eierkuchen', also ziemlich das Gegenteil von dem, wofür die Innere Führung ursprünglich einmal geschaffen worden war: als eine Instanz, die die naturgegebenen Spannungen in den zivil-militärischen Beziehungen genauso wie der soldatischen Existenz im Allgemeinen und der militärischen Führung im Besonderen deutlich machte und alle zur Mitarbeit aufforderte, diese Spannungen zu reduzieren, produktiv aufzulösen, zu versöhnen oder einfach nur auszuhalten.

Mit ihrer damit anscheinend primären gesellschaftspolitischen Funktion als Beruhigungspille für die Öffentlichkeit, wenn die Skandale beherrschbar sind, oder als allgemeiner Prügelknabe, wenn Situationen außer Kontrolle geraten, ist die Innere Führung heute gewissermaßen am Ende ihres Weges angekommen. Künftig werden diese Wirkungen nicht mehr so einfach zu erzielen sein. Wenn sie in der Kritik nicht nur der Truppe (das war schon immer so), sondern auch der politischen Leitung und militärischen Führung steht und diese ihr – und nicht einzelnen Personen – ein zumindest teilweises Scheitern öffentlich attestieren, dann ist dieser Placebo-Effekt dahin. Innere Führung wird schließlich für die Politik wertlos. Ihre Abschaffung wäre damit besiegelt. Dies wäre nur dann eine gute Lösung, wenn dadurch der Weg frei würde für die Besinnung

---

[113] Dies sagte einmal ein hoher ziviler Beamter im BMVg mit direktem Zugang zum Minister.

auf den ursprünglich reichen Gehalt der Inneren Führung. Sonst bliebe nur „das Schlachten dieser heiligen Kuh"[114].

Am Ende bleibt jedoch ein bitterer Nebengeschmack, besonders bei denjenigen, die sich für die Innere Führung begeistern und von ihrer auch künftigen Relevanz überzeugt sind. Ihr strategischer Kern und ihre geistige Mitte sind ihr abhandengekommen – nicht deshalb, weil sie nicht mehr in die sicherheits- und gesellschaftspolitische Landschaft passt, sondern einfach nur aufgrund von Nachlässigkeit und Ignoranz.

In dieser Hinsicht ist die Bundeswehr durchaus ein Spiegelbild der Gesellschaft. Der in Israel lehrende Schweizer Psychologe Carlo Strenger veröffentlichte kürzlich eine Diagnose über die politische Kultur des Westens, die uns auch verständlich macht, warum es die Innere Führung heute so schwer hat.[115] In den Mittelpunkt seiner Diagnose über die gegenwärtige politische Kultur in den westlichen Demokratien stellt Strenger eine auf den französischen Philosophen Jean-Jacques Rousseau zurückgehende „Illusion der Glücksberechtigung". Viele Menschen glaubten, dass Glück und Freiheit „Geburtsrechte" seien. Sie meinten, einen Anspruch darauf zu haben, den andere erfüllen müssten. Diese Haltung führe dazu, dass die Bereitschaft, an der Gestaltung der freiheitlichen Ordnung mitzuarbeiten, verschwunden sei. „Der Gedanke, dass *wir* die Gesellschaft sind, dass die Demokratie nicht nur eine Angelegenheit der Politiker, sondern auch der Bürger ist, scheint

---

[114] Siehe Gustav Lünenborg, Es ist Zeit. „Innere Führung" und „Staatsbürger in Uniform", vom Schlachten heiliger Kühe. In: Uwe Hartmann, Claus von Rosen, Jahrbuch Innere Führung 2017, S. 279-283. Siehe auch den Beitrag „Innere Führung ist Teil der Führung" von Gerhard Brugmann im selben Jahrbuch (S. 273-277) sowie das Buch von Marcel Bohnert, Innere Führung auf dem Prüfstand. Lehren aus dem Afghanistan-Einsatz der Bundeswehr, Hamburg 2017.

[115] Carlo Strenger, Abenteuer Freiheit. Ein Wegweiser für unsichere Zeiten, Frankfurt/M. 2017.

immer mehr auf dem Rückzug zu sein."[116] Verdrängt hätten viele das in Theologie, Philosophie und Psychologie verankerte Wissen über die tragische Existenz des Menschen. Heute, so stellt Strenger fest, klingt die „… Vorstellung, wir bräuchten existentielle Anstrengungen jenseits von Sport und Diät, … anachronistisch."[117] Es ist also kein Wunder, dass heutzutage Nihilismus und Angst vor einer Islamisierung eine die Freiheit untergrabene unheilige Allianz eingehen. Um unser hier entwickeltes Koordinatensystem zu nutzen, könnte man sagen, unser Zeitgeist enthält sehr viel Platon und Machiavelli, aber wenig Cicero und Luther.

Strengers Gesellschaftsdiagnose liefert wichtige Anhaltspunkte für eine Analyse des inneren Gefüges der Bundeswehr. Viele Soldatinnen und Soldaten fordern mehr Anerkennung ihres gefährlichen und stark belastenden Dienstes. Die Kritik dieser Forderungen als „Lamentieren" (Rühe) oder „Gier nach Anerkennung" (de Maizière) verdeckt das eigentliche Problem: die fehlende Bereitschaft von Soldatinnen und Soldaten, sich für ihre eigene Sache mit demokratischen Mitteln einzusetzen. Wenn sie Anerkennung und Akzeptanz ihres Dienstes als eine Bringschuld von Politik und Gesellschaft erwarten, unterliegen sie dann nicht auch der „Illusion der Glücksberechtigung"? Kommt darin nicht ein patriarchalisches Verständnis unserer politischen Kultur und auch der Inneren Führung selbst zum Ausdruck? Was bedeutet es eigentlich für den Zustand unserer Demokratie, wenn sogar die Bundesministerin der Verteidigung vor dem Hintergrund der letzten Skandale in der Bundeswehr feststellt, die Innere Führung habe versagt? Ist die Innere Führung eine gescheiterte politische Ideologie, weil sie ihr Versprechen nicht einhalten konnte, alle Probleme des Zusammenlebens ein für alle Mal zu

---

[116] Strenger, Abenteuer Freiheit, S. 44.
[117] Strenger, Abenteuer Freiheit, S. 21.

lösen? Und zwar so, dass wir selbst nichts dazu beitragen müssen?

Angesichts dieser Analyse erweist die 10/1 mit ihrem Versuch, Handlungssicherheit in der Menschenführung zu verbessern, der Inneren Führung also einen Bärendienst. Für ihre Neufassung bedeutet dies: Das Problem ist nicht so sehr die fehlende Praxisrelevanz für die Menschenführung, sondern der fehlende Überbau: das Verständnis für Demokratie und Freiheit, die Bereitschaft, sich aktiv dafür einzusetzen und Gefahren von außen und innen abzuwehren sowie der Appell an die Selbstbildung und Selbsterziehungskräfte bei den Angehörigen der Bundeswehr. Aus dem Verständnis von Freiheit und Demokratie als dem Zentrum für die persönliche Kraftentfaltung erwächst die Bereitschaft, als Soldat und ziviler Mitarbeiter Deutschland zu dienen. Dies ist der Geist, aus dem die kriegerische Tugend der gesamten Armee erwächst.

Damit wären wir wieder bei der Frage nach dem guten Soldaten. Der ‚gebildete Soldat' ist Teil der deutschen Militärtradition.[118] Die Analyse der Natur des Krieges und der deutsche Weg, mit Ungewissheit, Friktion und Zufall umzugehen, ist dafür der wesentliche Grund. Eine Antwort auf die Frage, was Bildung bedeutet, ist jedoch nicht allgemeingültig möglich. Die große Bildungsreform in der Bundeswehr der 70er Jahre führte u.a. zur Errichtung der Universitäten der Bundeswehr. Heute haben nahezu alle Offiziere einen Hochschulabschluss auf Master-Niveau, der sie für zivile akademische Berufe qualifiziert. Ist dies allerdings die Bildung, die mit dem Idealtypus des gebildeten Offiziers gemeint war? Sind zivilberufliche Qualifizierungen ausreichend, um, wie Clausewitz es fordert, den Krieg mit seinem ganzen Verstande zu durchdringen?

---

[118] Siehe dazu Abenheim/Halladay, „Rettet den Staatsbürger in Uniform!", S. 29-49.

Strenger unterstreicht in seinem Buch „Abenteuer Freiheit" die Bedeutung von „Kampfgeist" und einer „staatsbürgerlichen Erziehung".[119] Welchen Beitrag leistet das Studium an den Universitäten der Bundeswehr oder die Ausbildung an den Offizierschulen und Akademien dafür? Was hat es zu bedeuten, wenn die ersten Generationen studierter Offiziere die hohen Führungspositionen in der Bundeswehr bekleiden und es heute um die Innere Führung und die Streitkräfte insgesamt[120] so schlecht bestellt ist?

An dieser Stelle möchte ich meine Erkenntnisse aus dieser Analyse kurz und prägnant formulieren: Die Innere Führung, wie sie in der 10/1 skizziert wird, enthält kaum mehr Cicero und Luther, obwohl deren Gedanken zu den zivil-militärischen Beziehungen und dem soldatischen Selbstverständnis ihren ursprünglichen Kern ausmachten. Stattdessen spiegelt sie einen von modernen Managementtheorien und übersteigerter Anspruchshaltung dominierten Zeitgeist wider, obwohl dieser weder den Anforderungen der Natur des Krieges noch demokratischer Gesellschaften genügt. Im Mittelpunkt der Inneren Führung steht nicht mehr die persönlich wahrgenommene Verantwortung des Staatsbürgers mit und ohne Uniform für die Demokratie und die Schlagkraft der Streitkräfte. Diese Idee ist heute nicht mehr als bloße Rhetorik ohne praktische Relevanz. Die Innere Führung erscheint vielmehr als ein autonomes System, als eine Matrix, die unabhängig von den Soldatinnen und Soldaten agiert, die deren Verantwortungsbereitschaft als irrelevant abtut und eine absolute platonische Wahrheit vorgaukelt, die es legitim erscheinen lässt, den Soldaten als bloßes Machtinstrument für die Politik zu

---

[119] Strenger, Abenteuer Freiheit, S. 99ff.
[120] Siehe hierzu die Analyse von Martin Sebaldt, Nicht abwehrbereit. Die Kardinalprobleme der deutschen Streitkräfte, der Offenbarungseid des Weißbuchs und die Wege aus der Gefahr, Berlin 2017.

nutzen. Daran zeigt sich auch, wer ein Interesse daran hat, die Innere Führung in ihrem Innersten zu zerschlagen.

Dies sind keine günstigen Rahmenbedingungen, unter denen der gute Soldat gedeihen kann. Es kommt darauf an, die Innere Führung vom Kopf auf die Füße zu stellen. Die umfassende Verantwortung des einzelnen Soldaten als gewissensgeleiteter Mensch und vollwertiger ‚Staatsbürger in Uniform' muss wieder im Mittelpunkt stehen – sowohl in der Konzeption der Führungsphilosophie als auch im praktischen Dienst.

Der Traditionserlass: Traditionsverständnis und Traditionspflege in der Bundeswehr

In unsicheren Zeiten mit rasantem Entwicklungstempo können bewusst gelebte Traditionen zum Aufbau von Vertrauen, individueller Resilienz und Handlungssicherheit beitragen. In der Bundeswehr ist dies derzeit kaum möglich, weil ihre Angehörigen zu wenig Vertrauen und Handlungssicherheit im Umgang mit Traditionen haben. Zudem haben die zahlreichen Reformen der letzten Jahre einiges, was es an Tradition in der Bundeswehr gab, zunichtegemacht. Andererseits bestehen Kontinuitäten, von denen viele gar nicht wissen, dass es sie gibt. Einige sollten bewusst gepflegt werden. Bei manchen wäre es besser, sie aktiv zu bekämpfen. Erneut lautet die deprimierende Diagnose: Die Ausgangsbedingungen für unseren Versuch, das Bild des guten Soldaten zu zeichnen, sind alles andere als günstig.

Traditionsverständnis und Traditionspflege der Bundeswehr beruhen auf einer Definition des Traditionsbegriffs, die sich von dessen Verwendung in manch anderen zivilen Kontexten unterscheidet.[121] Gem. den seit 1982 gültigen

---

[121] Zum nicht-normativen Traditionsbegriff der philosophischen Hermeneutik siehe Uwe Hartmann, Tradition und Legitimation – Eine

„Richtlinien zum Traditionsverständnis und zur Traditionspflege in der Bundeswehr"[122] ist Tradition „… die Überlieferung von Werten und Normen. Sie bildet sich in einem Prozess wertorientierter Auseinandersetzung mit der Vergangenheit."[123] Bundespräsident Köhler sagte dazu einmal: „Die Bundeswehr … pflegt die Tradition ihrer Vorgängerarmeen getreu dem Apostelwort ‚Prüfet alles! Das Gute behaltet!'".[124] Maßstäbe dafür seien „das Grundgesetz und die der Bundeswehr übertragenen Aufgaben und Pflichten".[125] Tradition ist daher weder Geschichte noch Geschichtswissenschaft. Sie ist eine wertende Auswahl aus dem Gesamtbestand der Geschichte. Die Geschichtswissenschaft ist dafür eine hilfreiche Instanz, die kritisch prüft, ob das, was man für gut hält, auch tatsächlich so gewesen ist. Sie entlarvt also Mythen und Legenden.

Nun möchte ich die Frage beantworten, wie der gute Soldat in den o.a. Richtlinien dargestellt wird. Hier kann ich teilweise bessere Nachrichten verkünden. Weitaus deutlicher als in der aktuellen Fassung der 10/1 unterstreichen die über 20 Jahre älteren Richtlinien des Erlasses von 1982 die besondere Bedeutung des Grundgesetzes für das Denken und Handeln des Soldaten, insbesondere die Ver-

---

kritische Reflexion über aktuelle Probleme des Traditionsverständnisses der Bundeswehr. In: Uwe Hartmann, Hans Herz, Tradition und Tapferkeit, Frankfurt/M. 1991, S. 7-62.
[122] BMVg, Richtlinien zum Traditionsverständnis und zur Traditionspflege in der Bundeswehr, Bonn, 20. September 1982. In: ZDv 10/1, S. 54-61. Die Bundesministerin der Verteidigung, Dr. Ursula von der Leyen, entschied Mitte 2017, den Traditionserlass von 1982 zu überarbeiten, um Unschärfen auszuräumen und größere Handlungssicherheit im Umgang mit Traditionen zu ermöglichen. Der Entwurf dazu liegt seit Mitte November vor und befindet sich in der Abstimmung/Mitzeichnung.
[123] Richtlinien zum Traditionsverständnis (1982), Nr. 1.
[124] Bundespräsident Host Köhler, Rede auf der Kommandeurtagung der Bundeswehr am 10. Oktober 2005 in Bonn.
[125] Richtlinien zum Traditionsverständnis (1982), Nr. 2.

pflichtung auf den Frieden.[126] Auch der Entwurf des neuen Traditionserlasses greift diese Friedensorientierung auf.[127] Erst durch die Bindung an die Werte und Normen des Grundgesetzes erhielten die traditionellen Tugenden des Soldaten ihren sittlichen Rang. Das hier formulierte permanent präsente Primat des Politischen impliziert die Vorrangstellung der Tugend der Klugheit vor soldatischen Tugenden wie Treue, Tapferkeit, Gehorsam, Kameradschaft, Wahrhaftigkeit, Verschwiegenheit sowie beispielhaftes und fürsorgliches Verhalten der Vorgesetzten. Die Pflege von Traditionen soll dieses Primat verdeutlichen und damit „… der Möglichkeit entgegenwirken, sich wertneutral auf das militärische Handwerk zu beschränken".[128] Auch der Entwurf des Ende 2017 erstellten neuen Traditionserlasses stellt dies klar: „Für die Bundeswehr, die freiheitlichen und demokratischen Zielsetzungen verpflichtet ist, kann nur ein soldatisches Selbstverständnis mit Wertebindung, das sich nicht allein auf rein handwerkliches Können im Gefecht reduziert, sinn- und traditionsstiftend sein."[129]

Wie wichtig diese Rückbindung an das Grundgesetz und wie dominant dieses Primat der mitdenkenden Klugheit vor den traditionellen soldatischen Tugenden ist, kommt in der klaren, gleich zu Beginn vollzogenen Ausklammerung des Unrechtsregimes des Nationalsozialismus und damit auch der Wehrmacht als einer Institution dieses Regimes zum Ausdruck.[130] Der neue Traditionserlass stellt dies noch deutlicher heraus, indem er die Wehrmacht explizit

---

[126] Richtlinien zum Traditionsverständnis (1982), Nr. 7-8.
[127] BMVg, Die Tradition der Bundeswehr. Richtlinien zum Traditionsverständnis und zur Traditionspflege, Entwurf Stand 16. November 2017, Nr. 3.2 und 4.2.
[128] Richtlinien zum Traditionsverständnis (1982), Nr. 12.
[129] Die Tradition der Bundeswehr (Entwurf 2017), Nr. 3.3.
[130] Richtlinien zum Traditionsverständnis (1982), Nr. 6.

benennt und zusammen mit der NVA aus der Traditionspflege ausschließt.

Bei der Auswahl der Inhalte des Traditionsverständnisses aus der deutschen Geschichte verlangen die Richtlinien von 1982 allerdings nicht, den strengen Maßstab der Werte und Normen des Grundgesetzes als ‚Nadelöhr' anzulegen. Sie geben Grenzen vor (beispielsweise keine Übernahme von Truppenfahnen der Wehrmacht durch die Bundeswehr), bieten aber auch Freiräume – für den einzelnen Soldaten („Tradition ist auch eine persönliche Entscheidung"[131]) sowie für die Vorgesetzten („Die Traditionspflege liegt in der Verantwortung der Kommandeure und Einheitsführer. Sie verfügen über Ermessens- und Entscheidungsfreiheit vor allem dort, wo es sich um regionale Besonderheiten handelt. Kommandeure und Einheitsführer treffen ihre Entscheidungen auf der Grundlage von Grundgesetz und Soldatengesetz im Sinne der hier niedergelegten Richtlinien selbständig."[132]). Ethisch-moralischer Rigorismus wird dadurch verhindert, dass im Rahmen der Traditionspflege „… auch an solche Geschehnisse erinnert werden (soll), in denen Soldaten über die militärische Bewährung hinaus an politischen Erneuerungen teilhatten, die zur Entstehung einer mündigen Bürgerschaft beigetragen und den Weg für ein freiheitliches, republikanisches und demokratisches Deutschland gewiesen haben."[133] Hier wird deutlich, dass auch aus der Zeit vor 1945 Soldaten, die zwar noch keine Demokraten waren, politisch jedoch fortschrittlich dachten und handelten, ausgewählt werden können. Dieser Satz ermöglicht, dass die ehemaligen Reichswehr- und Wehrmachtssoldaten, die die Bundeswehr mit aufgebaut und die Innere Führung konzeptionell

---

[131] Richtlinien zum Traditionsverständnis (1982), Nr. 3.
[132] Richtlinien zum Traditionsverständnis (1982), Nr. 21.
[133] Richtlinien zum Traditionsverständnis, Nr. 16.

erarbeitet haben, Teil des Traditionsverständnisses der Bundeswehr sein können.[134]

In den aktuellen Debatten gibt es jedoch gewichtige Stimmen, die selbst diejenigen ehemaligen Wehrmachtssoldaten aus dem Traditionsverständnis der Bundeswehr ausschließen wollen, die am Aufbau der Bundeswehr maßgeblich beteiligt waren.[135] Mir persönlich ist dieser Rigorismus fremd. Ich halte es mehr mit der religiös genauso wie philosophisch begründeten Erkenntnis, dass der Mensch ein krummes Holz ist und daher scheitern und versagen kann. Er kann aber aus Fehlern lernen. Ich hatte jedenfalls größten Respekt für Ulrich de Maizière, der mir in einem Interview sagte, wie belastend es für ihn war, Tür an Tür mit Oberst Graf von Stauffenberg zu arbeiten und von den Attentatsplänen zu hören. Die Versetzung an die Front habe er daher als eine Art Befreiung empfunden. Diese Selbstkritik machte für mich seine Verdienste für die Bundeswehr und für die Innere Führung so wertvoll. Er ist noch heute mein Vorbild.[136]

---

[134] Zum Beitrag der ehemaligen Wehrmachtssoldaten für den Aufbau der Bundeswehr siehe den von Helmut R. Hammerich und Rudolf J. Schlaffer herausgegebenen Sammelband „Militärische Aufbaugenerationen der Bundeswehr 1955 bis 1970: Ausgewählte Biographien, München 2001. In den letzten Jahren wurden mehrere Biographien von Gründervätern der Bundeswehr mit Reichswehr- bzw. Wehrmachtsvergangenheit veröffentlicht. Dazu zählen u.a. Karl Feldmeyer, Georg Meyer, Johann Adolf Graf von Kielmansegg 1906-2006. Deutscher Patriot, Europäer, Atlantiker, Hamburg/Berlin/Bonn 2007; Wolf Graf von Baudissin 1907-1993. Modernisierer zwischen totalitärer Herrschaft und freiheitlicher Ordnung, herausgegeben von Rudolf J. Schlaffer und Wolfgang Schmidt, München 2007; John Zimmermann, Ulrich de Maizière. General der Bonner Republik 1912 bis 2006, München 2012.
[135] Siehe Julia Egleder, Vorbilder gesucht. In: .loyal. Das Magazin für Sicherheitspolitik, H. 11/2017, S. 16.
[136] Zu Ulrich de Maizière siehe seine Autobiographie „In der Pflicht. Lebensbericht eines deutschen Soldaten im 20. Jahrhundert, Bonn 1989 sowie die Biographie von John Zimmermann, Ulrich de Maizière, S. 487.

Die Gewährung geistiger Freiräume in Traditionsverständnis und Traditionspflege geht einher mit der Festlegung, dass „das Leitbild des ‚Staatsbürgers in Uniform' und die Grundsätze der Inneren Führung" sowie „die aktive Mitgestaltung der Demokratie durch den Soldaten als Staatsbürger" Teil der bundeswehreigenen Tradition sind.[137] Ein bis ins Detail geregelter Traditionserlass ohne politisches Mitdenken und Gestaltungsfreiräume wäre mit dem Leitbild des ‚Staatsbürgers in Uniform' nicht in Einklang zu bringen. Der neue Entwurf des Erlasses, den die Bundesministerin der Verteidigung nach den Vorfällen um den Soldaten Franco A. initiierte, geht allerdings in diese Richtung. Zwar betont er die historische Bildung als soldatische Schlüsselkompetenz. Doch gleichzeitig rückt er Verbote und Auflagen in den Vordergrund. Damit spiegelt der Erlassentwurf eine der Wirtschaftswelt entlehnte ‚compliance' als Kardinaltugend des Soldaten wider, von der befürchtet werden muss, dass sie sich der Tugend der Klugheit ebenso ermächtigen wird wie der Tradition des Gehorsams aus Freiheit.

Was bedeutet das für Tradition und Traditionspflege? Eigentlich besteht schon seit längerer Zeit Konsens darüber, dass die Debatten über die Tradition zur Tradition der Bundeswehr gehören, also zu etwas Gutem und Überlieferungswürdigem geworden sind. Öffentliche Debatten über die Namen von Kasernen und Verbänden verdeutlichen, dass soldatische Traditionen sich nicht ohne politische Einflussnahme und öffentliche Aufmerksamkeit entwickeln. Bereits der Traditionserlass von 1965 sollte aufgekommenen ‚Wildwuchs' in geordnete Bahnen zurückführen.[138] Auch der neue Entwurf vom November 2017 ver-

---

[137] Richtlinien zum Traditionsverständnis (1982), Nr. 20.
[138] Zur Debatte über Tradition in den 60er und 70er Jahren des letzten Jahrhunderts siehe Donald Abenheim, Bundeswehr und Tradition, München 1989.

folgt einen solchen Ansatz. Die Freiräume werden im Vergleich zum Erlass von 1982 verringert. So fehlt beispielsweise der wichtige Hinweis, dass Tradition auch eine persönliche Entscheidung des Soldaten ist. Hier zeigt sich erneut der schon bei der 10/1 kritisierte Trend, die persönliche Verantwortung des Soldaten einzuschränken.

Neben der politischen Intervention gibt es auch in Fragen des Traditionsverständnisses eine Spielart des „vorauseilenden Gehorsams". Hohe militärische Vorgesetzte selbst verbieten gelebte Traditionen, weil sie glauben, dass diese zu Kritik aus Politik und Gesellschaft führen könnten. Ein Beispiel für diese Selbstbevormundung des Militärs ist das von Soldaten des Heeres weithin klaglos hingenommene Verbot des Fallschirmjäger-Leitspruches „Treue um Treue".[139] Auch dies ist im Sinne der Inneren Führung zu kritisieren. Dass politische und militärische Interventionen ohne breite Diskussion und transparente Entscheidungsprozesse nicht Wildwuchs unterbinden, sondern eher befördern, darauf weist Reinhold Janke hin, wenn er feststellt: „Von oben verordnete Traditionen sind nur Scheintraditionen, ohne wirkliche Akzeptanz und Vitalität. Verbotene, willkürlich abgeschaffte oder fehlende Traditionen erzeugen wiederum einen unkontrollierbaren Wildwuchs."[140]

Andererseits – da das Traditionsverständnis Auswirkungen hat auf die Gestaltung der demokratischen zivil-militärischen Beziehungen sowie auf Selbstverständnis und Führungskultur in Streitkräften – sollte jedem aufgeklärten Soldaten klar sein, dass Politik und Gesellschaft daran ein immenses, geradezu existentielles Interesse haben. Denn

---

[139] Siehe hierzu Reinhold Janke, Innere Führung und Tradition. Mit einem Exkurs zu ‚Treue um Treue'. In: Uwe Hartmann, Claus von Rosen (Hrsg.), Jahrbuch Innere Führung 2016. Innere Führung als kritische Instanz, Berlin 2016, S. 84-109.
[140] Janke, Innere Führung und Tradition, S. 105.

die Geschichte hat gezeigt, dass Kriege auf Kosten der Zivilbevölkerung geführt werden und Soldaten nicht immer demokratiekonform handeln. Nicht im Sinne einer Auswahl aus der Geschichte, aber einer das Denken bestimmenden Traditionslinie stellt Krieg für viele Menschen nicht nur in Deutschland einen Zustand der willkürlichen Zerstörung dar.[141] Diese Assoziationen sind wirkungsmächtig; sie sind eine Realität, die nicht verleugnet werden darf.

Dass der Soldat als ‚Staatsbürger in Uniform' sein Traditionsverständnis im Dialog nicht nur mit anderen Angehörigen der Bundeswehr, sondern auch mit Politik und Gesellschaft erarbeiten und dafür auf diese aktiv zugehen soll, folgt aus der Feststellung des Traditionserlasses, dass „die aktive Mitgestaltung der Demokratie durch den Soldaten als Staatsbürger sowie die Kontaktbereitschaft zu den zivilen Bürgern bereits zu den bundeswehreigenen Traditionen zählt."[142] Hier kommt das Leitbild des ‚Staatsbürgers in Uniform' noch einmal deutlich zum Vorschein. Im Entwurf der neuen Richtlinien ist dies nicht mehr der Fall.

Damit kommen wir nun zu der Frage, warum es der Bundeswehr heute so schwerfällt, die 1982er Richtlinien und das darin zum Ausdruck kommende Leitbild des ‚Staatsbürgers in Uniform' umzusetzen. Die Antwort auf diese Frage gibt auch Hinweise darauf, warum die Politik Freiräume für das Soldatische erneut einschränkt.

Die Diagnose, dass die Bundeswehr traditionell ein Problem mit der Tradition hat, wird weithin geteilt. Viele Soldaten, vor allem Vorgesetzte, sehen Tradition als ein politisch heikles Thema, ja sogar als ein „… Minenfeld, auf dem bei

---

[141] Siehe Cora Stephan, Bundeswehr und Öffentlichkeit: Militärische Tradition als Gesellschaftliche Frage. In: Eberhard Birk, Winfried Heinemann, Sven Lange (Hrsg.), Traditionsdebatte für die Bundeswehr, Berlin 2012, S. 33.
[142] Richtlinien zum Traditionsverständnis, Nr. 20.

jedem Schritt und jedem Wort eine mediale Bombe hochgehen kann."[143]. Damit ist es eine allgemeine Last[144] und auch eine persönliche Gefahr für die militärische Karriere. So nimmt es nicht Wunder, dass zivile interne und externe Kritiker die Debatte über Tradition in der Bundeswehr schon seit längerem dominieren.[145] Ihrer wissenschaftlichen Expertise und rhetorischen Exzellenz haben Chefs und Kommandeure in der Bundeswehr häufig nicht viel entgegenzusetzen.[146]

Hinzu kommt, dass die politisch-historische Bildung in den Streitkräften oftmals an zivile Institutionen ‚outgesourct' wird, unter didaktisch-methodischen Mängeln lei-

---

[143] Egleder, Vorbilder gesucht, S. 11. Sieh auch Stephan, Bundeswehr und Öffentlichkeit, S. 33.
[144] Siehe dazu Klaus Michael Kodalle (Hrsg.), Tradition als Last?, Köln 1981.
[145] Scharfe Kritiker sind die Historiker Detlef Bald und Wolfram Wette, die als zivile Mitarbeiter der Bundeswehr auf deren „Wehrmachtsgeist" aufmerksam machten. Siehe dazu Detlef Bald, Die Bundeswehr. Eine kritische Geschichte, München 2005; Wolfram Wette, Wehrmachtstraditionen und Bundeswehr. Deutsche Machtphantasien im Zeichen der Neuen Militärpolitik und des Rechtsradikalismus. In: Johannes Klotz (Hrsg.), Vorbild Wehrmacht? Wehrmachtsverbrechen, Rechtsextremismus und Bundeswehr, Köln 1998, S. 126-154. Als scharfer externer Kritiker sei hier stellvertretend Jakob Knab, Falsche Glorie. Das Traditionsverständnis der Bundeswehr, Berlin 1995, angeführt.
[146] Dies brachte Brigadegeneral Alexander Sollfrank während eines der Workshops auf den Punkt, als er sagte: „Wir mussten uns allerdings wieder einmal rechtfertigen und uns erklären. ‚Wieviel Wehrmacht steckt in der Bundeswehr?' (…) zuletzt entbrannte zudem, hier bei uns, eine öffentliche Debatte über die Aussagen eines Politikers, der die besonderen Leistungen in der Wehrmacht würdigte und eine Neubewertung anregte. Ich denke, wir Soldaten werden es auch künftig ertragen müssen, natürlich nicht unwidersprochen, aber doch häufig hilflos, von den einen als ewig Gestrige diffamiert zu werden und von den anderen als Sekundanten ihrer Weltanschauung herangezogen zu werden." (wiedergegeben in Klaus Remme, Unterwegs in kontaminiertem Gelände. Die Bundeswehr auf der Suche nach Traditionen. Deutschlandfunk vom 3.1.2018).

det oder oft genug nicht stattfindet – obwohl bereits die Richtlinien von 1982 betont hatten, dass eine ihren Ansprüchen genügende Traditionspflege auf einer politisch-historischen Bildung beruht, die den „...Gesamtbestand der deutschen Geschichte einbezieht und nichts ausklammert"[147]. Damit ist ein Grundpfeiler nicht nur der Traditionspflege, sondern auch des aktiven Engagements des Soldaten im Dialog mit Politik und Gesellschaft ein-, wenn nicht sogar weggebrochen.

Vorgesetzte vermeiden offensichtlich, sich zum Thema der Tradition öffentlich zu positionieren. Selbst innerhalb der Bundeswehr äußern sie oftmals nur unverfängliche Allgemeinplätze. Es ist daher kein Wunder, dass die politisch-historische Bildungsarbeit unzureichend ist. Dies mag erklären, warum vor rund zwei Jahrzehnten eine mutige Initiative eines verantwortlichen Politikers kaum Resonanz fand, obwohl schon damals aus der Truppe Stimmen zu hören waren, die die Bedeutung von Tradition für die soldatische Erziehung und das Selbstverständnis des Soldaten betonten: Gemeint ist die Anregung des damaligen Bundesministers der Verteidigung Volker Rühe, einzelne tapfer kämpfende Frontsoldaten der Wehrmacht in das Traditionsverständnis der Bundeswehr zu integrieren.[148]

Was würde es bedeuten, wenn man Volker Rühes Vorschlag umsetzte? Es besteht weithin Konsens, dass die Wehrmacht als Ganzes nicht traditionswürdig ist. Da hilft

---

[147] Richtlinien zum Traditionsverständnis (1982), Nr. 5. Siehe dazu auch den Entwurf von 2017, Nr. 4.1.
[148] Bundesminister Volker Rühe, Aktuelle Stunde im Bundestag am 13. März 1997. In: Bundesdrucksache, 13. Wahlperiode, 163. Sitzung, S. 14721: „Nicht die Wehrmacht, aber einzelne Soldaten können traditionsbildend sein, wie die Offiziere des 20. Juli, aber auch wie viele Soldaten im Einsatz an der Front. Wir können diejenigen, die tapfer, aufopferungsvoll und persönlich ehrenhaft gehandelt haben, aus heutiger Sicht nicht pauschal verurteilen." Siehe auch Hartmann, Innere Führung, S. 197-198.

es auch nicht, dass sie bewährte Prinzipien wie das Führen von vorn und die Auftragstaktik in ihren Vorschriften übernommen hatte und Vorgesetzte aller Führungsebenen diese oftmals beispielhaft vorlebten. Man würde ja auch nicht die Mafia für traditionswürdig halten, nur weil sie Werte wie Ehre und Treue pflegt.

Denken wir uns nun also einen Kommandeur, der eine taktische Lage aus dem Zweiten Weltkrieg auswählt, die vergleichbar ist mit Situationen, wie sie sich im Internationalen Krisenmanagement oder in der Bündnisverteidigung stellen könnten. Er stellt diese Lage in den historischen Kontext und unterstreicht, dass die Wehrmacht einem verbrecherischen Regime diente und dass ihr Angriffskrieg erst die Vernichtung des europäischen Judentums ermöglichte. Im Rahmen der historischen Rekonstruktion stoßen der Kommandeur und seine Soldaten auf eine Person, die sich durch eine besondere Leistung ausgezeichnet hat. Nehmen wir an, dass dieser Wehrmachtssoldat durch selbständiges Handeln verhindert hat, dass zahlreiche Soldaten der sicheren Vernichtung durch den Feind entgangen sind. Die Soldaten des Kommandeurs sind sehr beeindruckt von dieser Leistung und könnten sich ihn als Vorbild vorstellen. Über familiengeschichtliche Forschungen im Internet und mit Unterstützung des ZMSBw stellt sich heraus, dass dieser Soldat den Zweiten Weltkrieg überlebt hat. Es finden sich keine Hinweise auf seine Beteiligung an Kriegsverbrechen oder eine Mitgliedschaft in einer der Organisationen des NS-Regimes. Nach dem Krieg machte dieser Soldat Karriere in der Wirtschaft. Nebenbei engagierte er sich politisch in einer der großen Volksparteien. Zeitweise war er Mitglied im Stadtrat. Im hohen Alter von 85 Jahren ist er verstorben. Er hinterließ vier Kinder und zwölf Enkel. Viele dienten als Grundwehrdienstleistende in der Bundeswehr. Könnte dieser fiktive Fall als Blaupause für die Auswahl von Wehrmachtssoldaten dienen? Ich glaube, dass dies möglich wäre. Voraussetzung dafür ist allerdings eine umfassende Beschäftigung mit der Person des jeweiligen Wehrmachtssoldaten oder Soldaten anderer deutscher Armeen. Ist die Truppe dazu in der Lage? Verfügt das ZMSBw über entsprechende Ressourcen? Wäre der Kommandeur bereit, sich für seine Entscheidung zu verantworten, wenn kritische Fragen aus der Öffentlichkeit kämen? Es ist richtig, dass – wie ich später in der Auswertung von Einsatzberichten zeigen werde – es viele Soldaten der Bundeswehr gibt, die vorbildlich in Führungs- und Gefechtssituationen gehandelt haben. Dass es – von denjenigen abgesehen, die Tapferkeitsmedaillen bekommen haben – jedoch kaum eine ernsthafte Beschäftigung damit gibt, unterstreicht einmal mehr, dass es auch an der Bundeswehr selbst liegt, dass dieses weite Feld für Traditionspflege nicht gut bestellt wird.[149]

Dass die unzureichende politisch-historische Bildung negative Auswirkungen auch auf die zivil-militärischen Beziehungen hat, zeigte kürzlich die Argumentation eines Heeresgenerals während eines der von der Bundesministerin von der Leyen initiierten Workshops zur Neubearbeitung des Traditionserlasses. Er sagte, dass die Kritik an den Kasernennamen bei den Soldatinnen und Soldaten auf Ablehnung stoße, weil sie darin einen Angriff auf ihr soldatisches Selbstverständnis und ihre militärische Professionalität sähen. Unzureichende historische Bildung und die nicht ausgeprägte Bereitschaft, sich auf pluralistische De-

---

[149] Darauf weist General Sollfrank in dem bereits angesprochenen Workshop hin: „Wer von Ihnen kennt die Operation Halmazag? Sie war für mich ein zarter Versuch, aus einer erfolgreichen Operation in Afghanistan möglicherweise etwas Bleibendes zu schaffen, dies war durch die Protagonisten des Geschehens selbst initiiert. Wer kennt die 2010 erfolgreich geführte Operation zum Freikämpfen des Raums Baghlan? Ist hieraus etwas Traditionsstiftendes für die Truppe erwachsen? Ich glaube, nicht viel. Hier müssen wir etwas tun." (In: Remme, Unterwegs in kontaminiertem Gelände, S. 9).

batten einzulassen und mit den Mitteln des wissenschaftlichen Diskurses das zu prüfen, was man für gut hält, wird so zu einer Belastung der demokratischen zivilmilitärischen Beziehungen. Denn der Versuch, sich gegen Kritik zu immunisieren, führt letztlich zu einem gegen die Gesellschaft gerichteten Selbstverständnis.

Ob schnell Abhilfe zu schaffen ist, darf bezweifelt werden. Denn Klagen über Defizite in der politisch-historischen Bildung genauso wie Forderungen nach ihrer Intensivierung füllen seit Jahrzehnten wissenschaftliche Abhandlungen und Erfahrungsberichte ebenso wie offizielle Dokumente von den Weißbüchern bis hin zu den Wehrbeauftragtenberichten.[150]

Die Ursachen für deren Niedergang sind vielfältig. Sie reichen von fehlendem Bewusstsein von Vorgesetzten über Rolle und Bedeutung der politisch-historischen Bildung über das geringe Interesse und Vorwissen der jungen Soldaten bis hin zum sehr stark auf die Integration in die Geschichtswissenschaften ausgerichteten Auftrag der bereits 1957 geschaffenen Einrichtung zur historischen Ressortforschung in der Bundeswehr, dem damaligen Militärgeschichtlichen Forschungsamt und heutigem Zentrum für Militärgeschichte und Sozialwissenschaften der Bundeswehr[151]. Fehlende Zeit durch zunehmende Bürokratie ist

---

[150] Zuletzt etwa Ulrich Schlie, Bundeswehr und Tradition. In: Eberhard Birk, Winfried Heinemann, Sven Lange (Hrsg.), Traditionsdebatte für die Bundeswehr, Berlin 2012, S. 31. Besonders deutliche Aussagen dazu sind auch im Weißbuch 2006 zu lesen. Siehe BMVg (Hrsg.), Weißbuch 2006 zur Sicherheitspolitik Deutschlands und zur Zukunft der Bundeswehr, Berlin 2006, S. 79f. Auch der neue Traditionserlass (Entwurf) betont die Notwendigkeit politisch-historischer Bildung.

[151] Zum Streit zwischen Wolf Graf von Baudissin und dem ersten Leiter des MGFA, Oberst Dr. Meier-Welcker, siehe Christian Hauck, Historische Bildung – Politische Bildung. Zwei neue Wege der Bildung für die Bundeswehr. In: Uwe Hartmann, Claus von Rosen (Hrsg.), Jahrbuch Innere Führung 2013. Wissenschaften und ihre Relevanz für die Bun-

ein oft vorgebrachtes und sicherlich stichhaltiges Argument – nicht zuletzt deshalb, weil Klagen darüber bereits seit vielen Jahren empirisch belegt sind.[152] Die akute Mangelwirtschaft aufgrund unzureichender Haushaltsmittel dürfte die Voraussetzungen dafür nicht verbessert haben. Eine weitere Ursache für die Misere könnte auch in der Verengung des Traditionsverständnisses auf die drei Traditionslinien der (1) preußischen Reformen, des (2) Widerstandes gegen den Nationalsozialismus und der (3) bundeswehreigenen Traditionen liegen.[153] Die damit vom damaligen Bundesminister der Verteidigung, Rudolf Scharping, angestrebte Handlungssicherheit für Vorgesetzte hat sowohl die Beschäftigung mit dem „Gesamtbestand der deutschen Geschichte" als auch die weitere Auseinandersetzung mit gesellschaftlichen Kräften über ein konsensfähiges Traditionsverständnis beeinträchtigt. Die Sache erschien nunmehr hochoffiziell geklärt, jeder war zufrieden, und dieser Burgfrieden führte zu dem stillschweigenden, Jahrzehnte bestehenden Konsens, den Traditionserlass von 1982 auf keinen Fall zu ändern – auch wenn die Welt danach eine völlig andere werden sollte und tatsächlich auch geworden ist. Platon lässt grüßen, und vielleicht kommt auch ein bisschen Machiavelli aus der Deckung. Denn ohne Diskussion zwischen Militär, Politik und Gesellschaft

---

deswehr als Armee im Einsatz, Berlin 2013, S. 205-249. Meier-Welcker betonte die wissenschaftliche Ausrichtung des MGFA und dessen Integration in die geschichtswissenschaftliche Forschung. Dagegen forderte Baudissin einen höheren Stellenwert der historischen Bildung in den Arbeitsprogrammen des MGFA.
[152] Siehe hierzu beispielsweise die Studien Jürgen Kuhlmann, Einheitsführer-Studie. Eine empirische Analyse der Tätigkeiten von Kompaniechefs des Feldheeres in der Deutschen Bundeswehr, München 1979 (=SOWI-Berichte Nr. 16); ders., Zeithaushalte und Tätigkeitenprofile von Bootskommandanten der Bundesmarine, München 1986 (=SOWI-Berichte Nr. 42).
[153] Schlie, Bundeswehr und Tradition, S. 26.

über Tradition und Selbstverständnis und damit immer auch über die Ausgestaltung der demokratischen zivil-militärischen Beziehungen wurde der Bundeswehr eine Wahrheit vorgegaukelt, die schon längst als Schein hätte entlarvt werden müssen.

Erst im Jahre 2017 hat sich etwas dramatisch geändert. Die langen Schatten der Wehrmacht waren plötzlich wieder da. Der Fall des jungen Offiziers Franco A. und die im Rahmen der Ermittlungen aufgefundenen Wehrmachtsdevotionalien führten zu der Entscheidung der Bundesministerin der Verteidigung, Ursula von der Leyen, den Traditionserlass schnell zu überarbeiten. Ihre Initiative war sicherlich schon seit langem überfällig. Sie entsprach den Erwartungen von Politik und Gesellschaft. Ihre Entscheidung lenkt allerdings davon ab, dass die Gefahren für die Bundeswehr von rechts wohl mehr aus innenpolitischen Entwicklungen der letzten Jahre kommen dürften und nicht so sehr von einer unreflektierten Sehnsucht nach dem Landser der Wehrmacht. Daher wäre die Stärkung staatsbürgerlicher Tugenden des Soldaten im Sinne Ciceros wichtiger als der offensichtliche, aber bisher vielleicht nicht deutlich genug vermittelte Ausschluss der Wehrmacht aus dem Traditionsverständnis der Bundeswehr. Dass rechtsnationale Populisten die Wehrmacht nun für ihre Agitation wieder nutzen, war eine unbeabsichtigte, aber durchaus erwartbare Folge.[154]

Bereits 2014 hatten junge Soldaten der ‚Generation Einsatz' diesen stillschweigenden Konsens über das Traditionsverständnis der Bundeswehr aufgekündigt und eine stärkere Berücksichtigung von Kampf und Gefecht und damit eine Ausweitung der Suche nach Vorbildern auf die

---

[154] Siehe „Gauland provoziert mit Äußerung zur Nazizeit". In: ZEIT ONLINE vom 14. September 2017.
www.zeit.de/politik/2017-09/afd-alexander-gauland-nazi-zeit-neubewertung.

deutschen Soldaten der Weltkriege gefordert.[155] Sie besetzten damit einen „blinden Fleck", auf den der Historiker Klaus Naumann schon 2009 hingewiesen hatte[156] – freilich ohne damit irgendeine Reaktion innerhalb der politischen Leitung oder militärischen Führung der Bundeswehr auszulösen. Dabei wäre dies der richtige Zeitpunkt gewesen, um den Traditionserlass zu ändern und in der erforderlichen Debatte die Initiative zu übernehmen.

In der zweiten Jahreshälfte 2017 fanden vier Workshops zur Überarbeitung der Richtlinien zur Tradition und Traditionspflege in der Bundeswehr statt. Darin haben auch hohe militärische Vorgesetzte eine Erweiterung des Traditionsverständnisses um Kampf und Gefechte gefordert. Dies ist sehr berechtigt, aber eigentlich zu spät. Denn viele interessierte Zuhörer dürften die Debatte über das neue Traditionsverständnis der Bundeswehr nicht mit ihren Kampfeinsätzen und den daraus resultierenden Anforderungen, sondern mit den langen Schatten der Wehrmacht oder anti-demokratischen Einstellungen ihrer Soldaten in Verbindung bringen.

Der Beitrag hoher militärischer Vorgesetzter zur Tradition ist nicht nur zu spät, er ist auch verkürzt. Obwohl man dies von ihnen erwarten dürfte, verzichteten sie darauf, das gesamte moderne Kriegsbild mit seinen vielfältigen Anforderungen an Soldaten und damit auch an Vorbilder darzustellen. Erneut zeigt sich hier das Strategiedefizit in der Umsetzung der Inneren Führung, diesmal im Hinblick auf das Traditionsverständnis der Bundeswehr: Ohne ein umfassend analysiertes und kritisch diskutiertes Kriegsbild,

---

[155] Siehe die Beiträge in Bohnert/Reitstetter (Hrsg.), Armee im Aufbruch.
[156] Klaus Naumann, Die Bundeswehr im Leitbilddilemma. Jenseits der Alternative „Staatsbürger in Uniform" oder „Kämpfer". In: Uwe Hartmann, Claus von Rosen, Christian Walther (Hrsg.), Jahrbuch Innere Führung 2009, Berlin 2009, S. 75-91.

das möglichst zukünftige Entwicklungen vorwegnimmt, und ohne Berücksichtigung der Interessen und Vorbehalte von Politik und Gesellschaft können keine überzeugenden und legitimierbaren Vorbilder in der Geschichte gefunden werden.

Dabei sind Forderungen nach einer stärkeren Berücksichtigung des gewaltsamen Kampfes und des Soldaten im Gefecht mehr als berechtigt. Sie treffen auch auf Akzeptanz. Sonst hätten die hohen militärischen Führer ihre Forderungen in den verschiedenen Workshops zur Tradition wohl auch vorsichtiger formuliert. Die Einseitigkeit dieser Forderung überrascht allerdings dann doch. Viele Themen, die zum Traditionsverständnis dazu gehören, wie beispielsweise die NATO, Europa oder auch die Innere Führung selbst, wurden kaum oder überhaupt nicht angesprochen. Die Relevanz von Tradition für die Gestaltung der demokratischen zivil-militärischen Beziehungen wurde kaum gesehen. Klugheit hätte geboten, die notwendige Vorbereitung auf den Kampf in ein Gesamtbild einzubetten.

Mit der Betonung von Kampf und Gefecht kommen Begriffe zum Vorschein, die viele in die Mottenkiste verbannt wähnten. So fragte die Evangelische Militärseelsorge kürzlich im Titel einer ihrer Zeitschriften: „Helden. Brauchen wir nicht mehr. Oder?"[157] Die Publizistin Cora Stephan schrieb bereits 2012 lapidar: „Die Bundeswehr ist eine kämpfende Truppe geworden. Wer mit dem Tod rechnen muss, möchte Gedenken."[158] Dahinter stehen eingängige existenzphilosophisch-psychologische Überlegungen: Angesichts der Gefahren, in die der Soldat sich begibt, benötigt er Halt. In der Traditionspflege praktizierte Formen des Umgangs mit dem Tod genauso wie die Tugend der

---

[157] Zur Sache Bw. Evangelische Kommentare zu Fragen der Zeit, Ausgabe 29, Heft 1/2016.
[158] Stephan, Bundeswehr und Öffentlichkeit, S. 34.

Kameradschaft vermitteln ihm diesen Halt. Er kann sich darauf verlassen, dass sein Einsatz nicht vergessen wird. Diese Gewissheit wirkt sich auch positiv auf die im Krieg erforderliche Charakterstärke und Gelassenheit aus.

Heldenverehrung oder ein dogmatischer Heldenkult dagegen stoßen in der Gesellschaft auf breite Ablehnung. Cora Stephan weist eindrucksvoll nach, dass diese Ablehnung tief verwurzelt ist. Ursache dafür sei nicht allein der Zweite Weltkrieg, sondern das bis auf den 30jährigen Krieg zurückgehende deutsche Kriegsbild, das Krieg mit „… einem entgrenzten Geschehen (verbindet), dessen Hauptopfer die nichtkämpfende Zivilbevölkerung war."[159] Deren Zurückhaltung ist also ein verständlicher Selbstschutz angesichts der immanenten Eskalationstendenzen von Kriegen, die mehr und mehr auf dem Rücken der Zivilbevölkerung ausgetragen werden.

Auch die Analysen des Berliner Politikwissenschaftlers Herfried Münkler weisen nach, dass es in postheroischen Gesellschaften mit geringer religiöser Energie klar erkennbare Grenzen für Heldentum und Heldenverehrung gibt.[160] Die Beschreibung der deutschen Gesellschaft als postheroisch ist eine gute Erklärung dafür, warum die Schere zwischen dem, was Soldaten der ‚Generation Einsatz' im 21. Jahrhundert sich an Tradition wünschen und dem, was die Öffentlichkeit als fragwürdig sieht, zugenommen hat. Münklers weitergehende Analyse zeigt einen Weg auf, der zu scharfen Kontroversen führen und wesentliche Prinzipien und Grundsätze der Inneren Führung

---

[159] Cora Stephan, Bundeswehr und Öffentlichkeit: Militärische Tradition als Gesellschaftliche Frage, S. 40.
[160] Herfried Münkler, „Neue Kriege" und „Postheroische Helden". In: Eberhard Birk, Winfried Heinemann, Sven Lange (Hrsg.), Traditionsdebatte für die Bundeswehr, Berlin 2012, S. 71-82. Siehe auch ders., Kriegssplitter. Die Evolution der Gewalt im 20. und 21. Jahrhundert, Berlin 2015, S. 143-187.

aufheben würde: Gemeint ist die Etablierung einer ‚heroischen Gemeinschaft' innerhalb einer postheroischen Gesellschaft.[161] Münkler sieht darin durchaus einen Ausweg für postheroische Gesellschaften, um sich in einer Welt zunehmender Gefahren zu schützen (ohne dies selbst gutzuheißen). Auch für die Soldaten böte ihre Mitgliedschaft in einer heroischen Gemeinschaft einige angenehme Vorteile. Sie könnten aus sich selbst heraus und in kritischer Abgrenzung zur Gesellschaft Werte, Traditionen und Anerkennung gewinnen, ohne sich über politische Entwicklungen in Staat und Gesellschaft Gedanken zu machen oder ihre Subkultur vor dieser in aufwändigen Dialogen zu begründen.[162] Und irgendwie entspricht dies ja auch nicht nur der Ausdifferenzierung der Gesellschaft in eine rasant steigende Anzahl von Berufen, sondern auch dem Zeitgeist: Politisches Engagement erfolgt heute mehr im Privaten und in kleinen Gruppen Gleichgesinnter.

Soldaten benötigen also eine gehörige Portion historischer Bildung und politischer Klugheit, um eine begründete Meinung für die Debatte über die hier aufgeworfenen Fragen zu erarbeiten und sich dazu öffentlich zu positionieren. Eine mit Politik und Gesellschaft abgestimmte stärkere Verankerung der Kampfeinsätze der Bundeswehr in ihrem Traditionsverständnis und die Suche nach Vorbildern in der gesamten deutschen Militärgeschichte sind wichtig und dringlich. Sie dürfen allerdings nicht zu einer einseitigen Fokussierung auf militärisch handwerkliche Leistungsfähigkeit führen, die dem umfassenden Konflikt- und Kriegsbild nicht gerecht würde. Zudem können Nur-

---

[161] Münkler, „Neue Kriege" und „Postheroische Helden", S. 79.
[162] Zur Kritik an Münklers Analyse siehe Angelika Dörfler-Dierken, Das Reden von der „postheroischen Gesellschaft". Und dessen Auswirkungen auf militärische Strategie und Einsätze. In: Uwe Hartmann, Claus von Rosen (Hrsg.), Jahrbuch Innere Führung 2016. Innere Führung als kritische Instanz, Berlin 2016, S. 32-56.

Kämpfer leicht durch extreme parteipolitische Dogmen radikalisiert und zur Gefahr für die Demokratie werden. Davor hatte schon Cicero gewarnt. Und auch Machiavelli wollte weg von Söldnerarmeen und diese durch Bürgerarmeen ersetzen. Soldaten sollten daher aus eigenem Interesse einen Damm errichten gegen Versuche einer Instrumentalisierung soldatischer Bedürfnisse durch populistische oder sogar rechtsradikale politische Gruppierungen. Sonst würden sie zu einem Spielball parteipolitischer Interessen, was letztlich dazu führt, dass der für das soldatische Handeln als „Bewegung im erschwerenden Mittel" so wichtige Zusammenhalt und die Tugenden von Treue, Disziplin und Kameradschaft untergraben würden.

Die Vorstellung einer ‚heroischen Gemeinschaft' innerhalb einer postheroischen Gesellschaft bleibt dennoch verführerisch. Da nicht davon auszugehen ist, dass postheroische Gesellschaften sich ändern (solange keine existentielle Gefahr über sie hereinbricht), ersetzt diese sozusagen das permanente und frustrierende Abarbeiten an der nicht geliebten Gesellschaft. Hier liegt eine fundamentale Weichenstellung vor. Platon und Machiavelli gegenüber Cicero und Luther. Soldaten, die über ihr Schicksal mitbestimmen wollen, orientieren sich an den beiden Letztgenannten.

Die Weiterentwicklung des Traditionsverständnisses der Bundeswehr beruht also auch bei den Soldaten auf der Kardinaltugend der Klugheit, um zu analysieren, welchen Weg man gehen sollte, um Demokratie und vertrauensvolle zivil-militärische Beziehungen nicht zu gefährden. Es liegt auch am Soldaten selbst, Anwalt für das zu sein, was er benötigt, um seinen Beruf auszuüben.

Wie steht es indessen um die Beteiligung von Soldaten an gesellschaftspolitisch relevanten Debatten wie etwa dem Traditionsverständnis? Ist es Tradition in der Bundeswehr, dass sich Soldaten in Debatten einbringen?

In der Vergangenheit fehlte es nicht an kritischen Stimmen, die darauf hinwiesen, dass der Geist der Wehrmacht weiterhin in der Bundeswehr herumspuke. Diese Kritik trug 1982 zur Neuerstellung des Traditionserlasses bei. Seither prallen kritische Anfragen meistens unkommentiert an der Bundeswehr ab. Überhaupt beteiligen sich offizielle Stellen der Presse- und Öffentlichkeitsarbeit der Bundeswehr kaum wahrnehmbar an diesen Diskussionen. Von Soldaten selbst war nichts zu hören. Wie schlecht es um die Debattenkultur selbst innerhalb der Bundeswehr steht, unterstreichen nicht nur Analysen[163], sondern auch eine für unser Thema einschlägige Initiative des damaligen Bundesministers der Verteidigung, Thomas de Maizière. Seine Rede anlässlich der Eröffnung des Militärgeschichtlichen Museums in Dresden im Oktober 2011, in der er Impulse für eine Debatte über Tradition geben wollte, verpuffte ziemlich wirkungslos innerhalb der Bundeswehr und fand auch kaum Anklang in der Öffentlichkeit. Zwar gab es eine gelungene Publikation, deren Herausgeber diesen Anstoß aufgegriffen hatten und namhafte Autoren gewinnen konnten.[164] Ihre Resonanz selbst innerhalb der Bundeswehr war jedoch enttäuschend gering. Vielen Entscheidungsträgern auch im Militär mag es wichtiger sein, potentielle Kontroversen zu vermeiden als das Selbstverständnis des Soldaten den neuen sicherheits- und gesellschaftspolitischen Rahmenbedingungen anzupassen. Vielleicht sehen viele das Thema auch als Plattform für Spezialisten, ohne Bezug zur eigenen Identität und Führungsverantwortung. Und dann haben einige sicherlich auch Be-

---

[163] Zum sog. „Maulkorberlass", bei dem manche Kommentatoren glauben, dass damit die Kontakte von Angehörigen der Bundeswehr zu Parlament und Medien reglementiert werden sollen, siehe den Artikel von Thorsten Jungholt, Von der Leyen bringt die Bundeswehr zum Schweigen, WELT vom 30.12.2016.
[164] Gemeint ist der hier schon mehrfach angeführte Sammelband von Brik/Heinemann/Lange.

denken wegen möglicher Folgewirkungen für die eigene Karriere.

Dass die 10/1 aus dem Jahre 2008 zwar eine kontinuierliche Weiterentwicklung der Inneren Führung verspricht und fordert, gleichzeitig aber den 1982er Traditionserlass ohne Hinweise auf dessen Änderungsbedarf oder ohne Begründung seiner fortbestehenden Relevanz abdruckte, ist ein Schlag ins Gesicht für alle diejenigen, welche die Führungsphilosophie der Bundeswehr ernst nehmen. Unternehmen können, wenn ihre Führungskultur nicht den gesellschaftlichen und technologischen Veränderungen angepasst wird, in größte Schwierigkeiten geraten. Für die Bundeswehr wurde der Traditionserlass erst vor kurzem zu einem Problem. Trotz des zwischenzeitlichen Endes des Kalten Krieges, der Wiedervereinigung Deutschlands, der zahlreichen internationalen Kriseneinsätze, trotz 9/11, Terrorismus, Aussetzung der Wehrpflicht, Migration, Krimannexion, hybrider Kriegführung usw.. Ruhe an der Front der zivil-militärischen Beziehungen war den verantwortlichen Politikern, Beamten und Generalen/Admiralen wichtiger als das Selbstverständnis und die Führungskultur der Bundeswehr. Dies ist aber nicht nur eine Frage der Wahrnehmung von staatsbürgerlicher Verantwortung bei Eliten. Auch bei Soldaten fehlten politische Klugheit und/oder Zivilcourage, diese Debatten einzufordern.

Die kontinuierliche Weiterentwicklung des Traditionsverständnisses und damit auch der Inneren Führung benötigt also Soldaten, die als Staatsbürger in Uniform mit politischer Klugheit begründete Meinungen zu sicherheitspolitischen Fragen erarbeiten sowie ihre Interessen im Dialog mit Politik und Gesellschaft aktiv vertreten. Dies ist normal in einer Demokratie, so vertreten auch andere Berufsgruppen ihre Interessen, und dies erwarten auch die Bürgerinnen und Bürger einer funktional ausdifferenzierten Gesellschaft[165] von ihren Soldatinnen und Soldaten. Für die Erarbeitung, Vermittlung und Weiterentwicklung des Traditionsverständnisses als Teil des Selbstverständnisses und der Führungskultur der Bundeswehr ist das Leitbild vom ‚Staatsbürger in Uniform' also weiterhin unverzichtbar. Wer als Soldat glaubt, er habe einen Anspruch auf eine bevorzugte Behandlung durch die Gesellschaft, ohne mit ihr darüber zu sprechen oder dies zu begründen, bringt Einstellungen zum Ausdruck, die nicht zu einer modernen Demokratie und damit auch nicht zur Inneren Führung mit ihrem Leitbild passen.

Dabei könnte die Dialogbereitschaft von Soldaten mit allen gesellschaftlichen Gruppen, auch mit besonders kritisch eingestellten, durchaus eine Tradition der Bundeswehr begründen. In den scharfen sicherheitspolitischen Kontroversen der 50er bis in die 80er Jahre des letzten Jahrhunderts haben sich nicht wenige Soldaten beispielhaft im Sinne des Leitbildes vom ‚Staatsbürger in Uniform' sowie der Richtlinien zur Tradition verhalten. Das Handausstrecken durch die Gitter von belagerten Kasernentoren stellt diese Bereitschaft symbolisch dar. Admiral Dieter Wellershoff ging als Kommandeur der Führungsakademie der Bundeswehr noch weiter. Er ließ die Kasernentore öffnen und lud Demonstranten in die Hörsäle ein. Wer beispielsweise mit Generalmajor a.D. Robert Bergmann oder Oberstleutnant a.D. Gustav Lünenborg über deren Erfahrungen an der Führungsakademie in den 80er Jahren spricht, der spürt deren bis heute anhaltende Freude an

---

[165] Darauf wies der Soziologe Uwe Hellmann mit entwaffnender Klarheit hin. Siehe seinen Beitrag „Moderne Gesellschaft, Militär/Organisation und Innere Führung. Soziologische Einsprüche wider den Anti-‚sui generis'-Affekt. In: Uwe Hartmann, Claus von Rosen, Christian Walther (Hrsg.), Jahrbuch Innere Führung 2012. Der Soldatenberuf im Spagat zwischen gesellschaftlicher Integration und sui generis-Ansprüchen, Berlin 2012, S. 40-52.

kontroversen Debatten.¹⁶⁶ Ein Vorbild ist auch General a.D. Hans Peter von Kirchbach, der nicht nur über seine Erfahrungen und Erlebnisse beim Hochwassereinsatz an der Oder im Jahre 2002 und dabei ganz nebenbei auch über sein Selbstverständnis als Soldat sprach und schrieb¹⁶⁷, sondern dem es sichtlich Freude bereitete, das Gespräch mit der Bundeswehr gegenüber kritisch eingestellten Kreisen zu suchen.¹⁶⁸

Ein weiteres Beispiel ist Prof. Donald Abenheim von der US-amerikanischen *Naval Postgraduate School* in Monterey/Kalifornien. Er beschäftigt sich seit den 1970er Jahren mit der Bundeswehr und wurde dafür von einer Generation amerikanischer Deutschlandkenner ausgebildet, von denen viele heute gar nicht mehr wissen, dass es sie gab. Dazu gehören beispielsweise Gordon Craig, Peter Paret und Charles Burdick. Abenheim spricht in Deutschland genauso wie in den USA mit größter Leidenschaft über die Innere Führung. Erst vor wenigen Monaten veröffentlichte er ein Buch mit dem programmatischen Titel „Rettet den Staatsbürger in Uniform!".¹⁶⁹ Seine Begeisterung für die Innere Führung rührt vor allem aus seinen vielfältigen Begegnungen mit Generalen der Bundeswehr, die in den 60er und 70er Jahren die Innere Führung vorangebracht hatten. Oder nehmen Sie das Beispiel von Generalmajor

---

¹⁶⁶ Siehe die Beschreibungen von Gustav Lünenborg in seinem Buch Bürger und Soldat. Innere Führung hautnah 1956-1993, 1993-2015, Berlin 2015.
¹⁶⁷ Hans Peter von Kirchbach, Mit Herz und mit Hand. Soldaten zwischen Elbe und Oder, Bonn 1998.
¹⁶⁸ Der Autor selbst begleitete Anfang 2000 General von Kirchbach zu einem Treffen von Intellektuellen der ehemaligen DDR, zu dem der damalige Beauftragte der Evangelischen Kirche in den neuen Bundesländern, Werner Krätschell, eingeladen hatte und an dem u.a. Christa Wolf teilnahm.
¹⁶⁹ Abenheim/Halladay, „Rettet den Staatsbürger in Uniform!", Potsdam 2017.

a.D. Gerhard Brugmann, der von sich aus das Gespräch mit jungen Offizieren an den Bundeswehruniversitäten sucht und mit diesen über ihr Selbstverständnis spricht. Gespräche mit gesellschaftlichen Gruppen und zwischen den Soldatengenerationen – das ist eine wichtige Tradition der Inneren Führung, die es zu pflegen gilt. Dafür muss ein Ruck durch die Bundeswehr gehen. Die Zurückhaltung ist groß. Dies dürfte nicht zuletzt daran liegen, dass das Gespräch zwischen den Soldatengenerationen wegen des (berechtigten) Ausschlusses der Wehrmacht und ihrer Traditionsverbände heute alles andere als Tradition ist.

Daher macht es auch viel Sinn, bei der Intensivierung der bundeswehreigenen Traditionen besonders auch die Dialogbereitschaft zu betonen und die von mir angeführten Beispiele als traditionswürdig herauszustellen. Dialoge sind nicht zuletzt deshalb so wichtig, weil sie den Soldaten dabei helfen, ihre politische Klugheit zu üben. Ansätze dazu gibt es bereits – seien es die Bücher von Soldaten über ihre Erfahrungen in den Einsätzen, oder der engagierte Versuch, eine Veteranenkultur zu etablieren[170], oder die zunehmende Anzahl von Autobiographien ehemaliger Soldaten.[171] Auch das Zulassen manchmal ungestümer Wortmeldungen jüngerer Offiziere ist eine Tradition, die weit zurückreicht in die deutsche und preußische Militärge-

---

[170] Siehe dazu Marcel Bohnert, Björn Schreiber (Hrsg.), Die unsichtbaren Veteranen. Kriegsheimkehrer in der deutschen Gesellschaft, Berlin 2016.
[171] Harald Volkmar Schlieder, Kommando zurück!, Berlin 2012; Klaus Grot, So war's, damals. Dienstchronik eines Pionieroffiziers im Kalten Krieg 1954–1991, Berlin 2014; Gustav Lünenborg, Bürger und Soldat. Innere Führung hautnah 1956–1993, 1993–2015, Berlin 2015; Adolf Brüggemann, Als Offizier der Bundeswehr im Auswärtigen Dienst, Berlin 2015; Heinz Laube, Duell am geteilten Himmel, Berlin 2016; Viktor Toyka, Dienst in Zeiten des Wandels, Berlin 2017.

schichte.[172] Dies mag auch die vielen positiven Statements erklären, die im Vorspann des Buches „Armee im Aufbruch" abgedruckt sind.

Aus Sicht politischer Entscheidungsträger und militärischer Vorgesetzter sind Veröffentlichungen und Statements von Soldatinnen und Soldaten allerdings eher unverwünscht. Es sei denn, sie sind vorher geprüft und genehmigt worden. Dies zeigt nicht nur die Krisenkommunikation des BMVg nach den Skandalen seit etwa 2006, sondern auch der Entwurf des neuen Traditionserlasses. Im Vergleich zu seinem Vorgänger aus dem Jahre 1982 spielt der Dialog mit der Gesellschaft kaum mehr eine Rolle. Dazu passt, dass sich innerhalb der Streitkräfte eine seltsame Stimmung des Duckmäusertums breitmacht, die sogar kameradschaftliche Gespräche belastet. Längst pensionierte hohe Offiziere kennen für diese Kultur des Misstrauens keine Parallelen aus ihrer eigenen Dienstzeit im letzten Jahrhundert. Auch der Journalist Gerald Wagner kritisiert in einem Artikel in einer großen Tageszeitung den Umgang der Bundeswehr mit Soldaten, die sich an die Öffentlichkeit wenden. Er begrüßt, dass diese sich als verantwortungsbewusste Staatsbürger in Uniform verstehen und ihr soldatisches Selbstverständnis im Dialog mit der Gesellschaft schärfen wollen. Dass die Politik diese Initiativen zurechtstutzt und auch die Gesellschaft, so Wagner, „… sich mit einer unter die Kuratel der Politik gestellten Armee doch sicherer fühlt, muss für diese darum eine besonders demütigende Enttäuschung sein."[173] Wer die bundeswehreigenen Traditionen nicht kennt, versteht und

---

[172] Beispiele dazu in Dirk Assmann, Subordination, Erziehung und Bildung im preußisch-deutschen Heer von 1861-1890, Frankfurt/M. 1994.
[173] Gerald Wagner, Das Land kennt seine Soldaten nicht. In: FAZ vom 18. Mai 2017.

pflegt, verstößt gegen sie, insbesondere dann, wenn es um politischen Machterhalt geht.[174]

Dabei gibt es durchaus Belege dafür, dass die Bürgerinnen und Bürger in Deutschland weitaus interessierter an der Bundeswehr sind als so manche Analysten und vor allem auch Soldaten dies glauben. Ein schönes Beispiel von der Leipziger Buchmesse im Jahre 2016 soll dies verdeutlichen. Bei einer Lesung im Sachbuchforum stand Rainer Buske mit dem Thema „Kunduz. Ein Erfahrungsbericht aus Afghanistan" auf der Autorenliste. Vor und nach ihm waren Autoren an der Reihe, die aus ihren Büchern über Reisen in exotische Länder berichteten. Die vielen Messebesucher, die auch für den Vortrag von Rainer Buske sitzen blieben, erwarteten sicherlich nicht einen Bericht eines Obersten im Ruhestand über seinen militärischen Einsatz in Kunduz im Jahre 2008.[175] Ich hatte mich bereit erklärt, die Veranstaltung zu moderieren und überraschte die Zuhörer mit der einführenden Bemerkung, dass sie nun „keinen Reisebericht, sondern eine Beschreibung von Krieg" in Afghanistan hören würden. Keiner stand auf, alle blieben sitzen, hörten zu und diskutierten engagiert mit. Besonders positiv nahmen die Zuhörer auf, dass der ehemalige Wehrbeauftragte des Deutschen Bundestages Reinhold Robbe sich unter sie gemischt hatte und lebhaft mitdiskutierte. Es gibt sicherlich freundliches und unfreundliches Desinteresse an der Bundeswehr und ihren Einsätzen. Das liegt allerdings auch ein wenig an der Art und Weise, wie Soldaten sich äußern und vor allem daran, dass ihre Stimme kaum zu hören ist.

---

[174] In diesem Zusammenhang hört man häufiger die Aussage, dass auch die Bundesminister der Verteidigung sich an die Grundsätze der Inneren Führung halten und eine Ausbildung darin bekommen sollten.
[175] Rainer Buske. Kunduz. Ein Erlebnisbericht über einen militärischen Einsatz der Bundeswehr in Afghanistan im Jahre 2008, Berlin 2015.

Auch die praktische Unterstützung, die Bürgerinnen und Bürger den Soldatinnen und Soldaten zu geben meinen, steht in einem seltsamen Kontrast zur Wahrnehmung bei den Soldatinnen und Soldaten selbst. Anhand empirischer Daten verweist der Militärsoziologe Heiko Biehl Klagen über das nur freundliche Desinteresse und die fehlende Unterstützung in das Reich der Legendenbildung.[176] Ein Projekt von studierenden Offizieren und Offizieranwärterinnen und -anwärtern an der Helmut-Schmidt-Universität/Universität der Bundeswehr Hamburg unterstützt diesen empirischen Befund. Sie stellten eine Vielzahl von Aktivitäten der Zivilgesellschaft zusammen, die davon zeugen, dass sich Bürgerinnen und Bürger durchaus für die Soldaten interessieren und nicht selten für deren Belange engagieren. Integration bedeutet auch, dass die Soldaten selbst Wertschätzung durch die Bürgerinnen und Bürger anerkennen.

Es mag ja sein, dass insbesondere Erkrankungen an Posttraumatischen Stressbelastungen Mitgefühl bei den Bürgerinnen und Bürgern wecken und dies auch gut zur postheroischen Gesellschaft passt. Dennoch sind Soldaten nicht selten auf dem einen Auge blind, während sie mit dem anderen besonders scharf das Desinteresse und die Aktionen gegen die Bundeswehr betrachten. Dies beschädigt die zivil-militärischen Beziehungen und damit langfristig auch die demokratische politische Kultur in Deutschland. Es kommt darauf an, dass die Tradition, auf die Menschen zuzugehen und das Gespräch zu suchen, wieder stärker in den Mittelpunkt gerückt wird. Dass dazu auch die Ge-

---

[176] Siehe dazu Heiko Biehl, Aus den Augen, aus dem Sinn? Überlegungen zur gesellschaftlichen Integration der Bundeswehr nach der Aussetzung der Wehrpflicht. In: Uwe Hartmann, Claus von Rosen, Christian Walther (Hrsg.), Jahrbuch Innere Führung 2012. Der Soldatenberuf im Spagat zwischen gesellschaftlicher Integration und sui generis-Ansprüchen, Berlin 2012, S. 53-72.

sprächskultur innerhalb der Bundeswehr verbessert werden sollte, versteht sich von selbst.

Wie können Debatten und Gespräche durch konkretes Tun intensiviert werden? Es mag den Leser erstaunen, aber auch in den USA, dem Land, in dem Soldaten höchste Anerkennung genießen, wurde die zunehmende Kluft zwischen Gesellschaft und Streitkräften als eins der größten militärischen Führungsprobleme identifiziert. So jedenfalls äußerten sich viele US-Generale und Admirale während meiner Ausbildung am US Army War College 2013/14. Maßnahmen, um das Problem zu lösen, ließen nicht lange auf sich warten. So befahl der Kommandant des US Army War College, ein Zwei-Sterne-General, dass alle US-amerikanischen Lehrgangsteilnehmer zusätzlich zu ihren enormen akademischen Verpflichtungen einen öffentlichen Vortrag halten mussten, um ihren Masterabschluss in strategischen Studien zu erwerben. Viele meiner Lehrgangskameraden, allesamt hohe Stabsoffiziere mit glänzenden Karriereaussichten, waren schockiert. Sie fragten sich, ob das, was sie in Einsätzen, Übungen und im täglichen Dienst erlebt hatten, überhaupt auf Interesse stoßen würde. Alle, die ich hinterher traf, sprachen voller Begeisterung über ihren oftmals ersten öffentlichen Auftritt.

Mittlerweile ist es schon wieder durchaus schick, die Innere Führung und ihr geistiges Zentrum, das Zentrum Innere Führung in Koblenz, zu kritisieren.[177] Daher kommt es vielen gar nicht in den Sinn, die Innere Führung als einen wesentlichen Teil der Tradition der Bundeswehr zu sehen. Dabei ist vor allem das Zentrum Innere Führung ein deut-

---

[177] Zur Kritik an der Inneren Führung seit ihren Anfängen siehe Helmut R. Hammerich, >>Kerniger Kommiss<< oder >>weiche Welle<<? Baudissin und die kriegsnahe Ausbildung in der Bundeswehr. In: Rudolf J. Schlaffer, Wolfgang Schmidt (Hrsg.), Wolf Graf von Baudissin 1907-1993, S. 127-137.

lich sichtbares Aushängeschild für den Dialog mit gesellschaftlichen Gruppen – nicht als Selbstzweck, sondern zum Wohle der demokratischen zivil-militärischen Beziehungen sowie der Soldaten selbst. Es war und ist geradezu ein Magnet für Bürgerinnen und Bürger, die sich für die Bundeswehr engagieren wollen. Kaum jemand weiß noch, dass es gerade das Zentrum Innere Führung war, das schon während des Kalten Krieges das Thema „Anforderungen im Gefecht" voranbrachte und mehrere Ausbildungshilfen dazu veröffentlichte.[178] Und dieses vor allem von den Kampftruppen des Heeres kritisierte Zentrum konnte Professoren wie beispielsweise den Psychologen Dietrich Ungerer zur Mitarbeit gewinnen – eine Mitarbeit, die zu zwei Büchern über die Belastungen von Soldaten im Einsatz und die daraus zu ziehenden Folgerungen für die militärische Ausbildung führte.[179] Innere Führung, Einsatznähe und Dialog mit der Gesellschaft schließen sich nicht aus, sondern bedingen sich geradezu.[180] Es kommt also darauf an, die Innere Führung durch bewusste Aufnahme als bundeswehreigene Tradition zu stärken. Dies ist für die politische Kultur in Deutschland sowie das Selbstverständnis der Soldatinnen und Soldaten der Bundeswehr ganz entscheidend. Es trägt dazu bei, die Spannungen innerhalb der wunderlichen Dreifaltigkeit, wie sie von Clausewitz so anschaulich beschrieben wurden, zu min-

---

[178] Zentrum Innere Führung, Seminar Anforderungen im Gefecht als Maßstab für die Ausbildung, Bildung und Erziehung von Soldaten. Texte und Studien, Heft 2/1983.
[179] Dietrich Ungerer, Der militärische Einsatz, Berlin 2003; ders., Militärische Lagen, Berlin 2007.
[180] In diesem Zusammenhang möchte ich auch den Freundeskreis Zentrum Innere Führung erwähnen, der u.a. zwei Publikationen zur Relevanz der Inneren Führung unterstützt hat. In diesen berichten Autoren auch über ihre Einsätze. Siehe Hans-Christian Beck, Christian Singer (Hrsg.), Entscheiden – Führen – Verantworten. Soldatsein im 21. Jahrhundert, Berlin 2011; Alois Bach, Walter Sauer (Hrsg.), Schützen.Retten.Kämpfen – Dienen für Deutschland, Berlin 2016.

dern bzw. auszuhalten. Und es hilft, dass Bild des guten Soldaten klarer zu zeichnen.

Dabei sollte auch ihre Relevanz für Krieg und Einsätze herausgestellt werden. Auf die Brillanz der Inneren Führung in der sicherheitspolitischen Analyse sowie in der Begründung von Kriegsbildern habe ich schon hingewiesen. Zur Einsatznähe der Inneren Führung gehören auch wichtige Grundsätze, die das seit langem hohe Vertrauen von Politik und Gesellschaft in die Bundeswehr begründen und festigen. Dazu zählt die Begrenzung des Gewalteinsatzes, die Schonung der Zivilbevölkerung, Fairness und Respekt gegenüber dem Gegner, der Verzicht auf jede Entmenschlichung zur eigenen Motivation[181], der feste Wille, auch im Kampf nicht die eigenen Maßstäbe preiszugeben[182], Klugheit und Zivilcourage in der Beratung von verantwortlichen Kommandeuren sowie Eigenständigkeit in der Auftragsdurchführung.

Die Innere Führung hat zahlreiche alte Traditionen aus der Zeit vor 1945 aufgenommen. Dazu gehören die adaptierte Auftragstaktik, das Formulieren von Grundsätzen statt konkreten Handlungsanweisungen sowie die enorme Bedeutung von Erziehung und Bildung.[183] Bei der soldatischen Erziehung kamen Vertreter der Inneren Führung dem Zeitgeist der 80er Jahre allerdings viel zu weit entgegen. Sie versuchten, die soldatische Erziehung in Bausch und Bogen aus der Bundeswehr rauszuwerfen (was ihnen

---

[181] Siehe dazu beispielsweise Militärbischof Martin Dutzmann, Die soldatische Ethik in evangelischer Perspektive vor dem Hintergrund der Auslandseinsätze der Bundeswehr. In: HSU/UniBwH (Hrsg.), Der Offizier im Einsatz, Hamburg 2012, S. 11-26.
[182] Stephan, Bundeswehr und Öffentlichkeit, S. 51. Siehe auch Bohnert, Innere Führung auf dem Prüfstand.
[183] Ein gutes Beispiel dafür ist die Militärpädagogik von Erich Weniger. Weniger böte sich als zivile Person für die Traditionspflege der Bundeswehr an. Zur Person und Pädagogik Erich Wenigers siehe Hartmann, Erziehung von Erwachsenen, S. 240-260.

auch nahezu gelungen ist). Noch heute leidet die Bundeswehr darunter, dass so manche Vorgesetzte diese pädagogische Kernaufgabe weder kennen noch akzeptieren.

Die Geschichte der Inneren Führung hat viel zu bieten für das Traditionsverständnis der Bundeswehr. Es kommt darauf an zu verhindern, dass durch eine Überbetonung des Gefechts auf der taktischen Ebene deren Verdienste in Vergessenheit geraten. Dies gereichte zum Nachteil der Bundeswehr und ihrer Angehörigen. Tradition ist Teil der Inneren Führung, aber die Innere Führung sollte auch zentraler Bestandteil des Traditionsverständnisses der Bundeswehr sein.

Was bedeuten diese Überlegungen für unsere Frage nach dem Bild des guten Soldaten? Zunächst einmal: Das Bild des guten Soldaten wird auch im Entwurf des neuen Traditionserlasses gezeichnet. Darin finden sich also auch Antworten auf unsere Leitfrage. Dies ist auch ein Grund für das vergleichsweise hohe Interesse, das Politik und Gesellschaft an diesem Dokument haben. Es zeigt uns erneut, dass die Antwort auf die Frage nach dem guten Soldaten eine zutiefst politische ist.

Der 1982er Traditionserlass enthielt sehr viel Cicero und Luther. Er betonte die Werte und Normen der Demokratie als oberste Prüfinstanz für Vorbilder des guten Soldaten. Gleichzeitig sollte der Soldat diese Werte und Normen in der Art und Weise, wie mit Tradition umgegangen wird, selbst erleben. Dementsprechend legte dieser Erlass sehr viel Wert auf persönliche Entscheidungsautonomie in Fragen der Tradition und den engagierten Diskurs der Soldaten untereinander sowie mit Politik und Gesellschaft.

Im Entwurf des 2017er Traditionserlasses sind diese Freiheitselemente deutlich reduziert. Platon und Machiavelli melden sich zurück. Den Soldatinnen und Soldaten der Bundeswehr wird ein klar umrissenes Geschichtsbild vorgegeben. Sie werden damit von den bisweilen überaus kontroversen öffentlichen Debatten entkoppelt. Der Erlass verdrängt zudem, dass Menschen historische Wesen sind, die über ein wirkungsgeschichtliches Bewusstsein verfügen. Dieses leitet ihr Verstehen. Wir stehen daher ständig in Überlieferungen; Tradition (in einem nicht-normativen Verständnis) ist immer da.[184] Es ist legitim, dass Armeen diese anthropologische Erkenntnis nutzen und solche Traditionen, die die Kampfkraft von Soldaten stärken, gezielt pflegen. Dass bedeutet jedoch nicht, dass das Denken und Handeln von Soldaten nur von solchen historischen Ereignissen und Personen beeinflusst werden, die zum offiziellen Traditionsgut gehören. Hier besteht eine individuelle Autonomie, die auch bewusst unterstrichen werden sollte, um unserem freiheitlichen Menschenbild gerecht zu werden.

Vor dem Hintergrund der Debatten über das nur „freundliche Desinteresse" der Bevölkerung an den Soldaten der Bundeswehr erstaunt, dass im neuen Erlass die demokratische Gestaltung der zivil-militärischen Beziehungen kaum mehr eine Rolle spielt. Vom Dialog mit Politik und Gesellschaft als Ausdruck für vertrauensvolle zivil-militärische Beziehungen ist nicht mehr viel zu spüren. Die Versöhnung von Bürger und Soldat, ein Motto, das die preußischen Heeresreformen charakterisierte und die als bewusste Tradition bei der Gründung der Bundeswehr eine zentrale Rolle spielte, ist nahezu ausgeblendet. Als wirkungsmächtige Traditionen aus der Militärgeschichte tauchen vielmehr Stabsarbeit und Generalstab auf. Der Soldat wird deutlicher als Kämpfer im Gefecht gesehen (was gerechtfertigt ist), ohne jedoch das politische Mitdenken auch im Einsatz zu betonen. Dass er sich als geistig gerüsteter

---

[184] Siehe dazu Gadamer, Wahrheit und Methode, S. 266. In meinem mit Hans Herz verfassten Buch „Tradition und Tapferkeit (Frankfurt/M. 1992) habe ich Gadamers Traditionsverständnis auf die Bundeswehr angewandt.

Staatsbürger in Uniform mit Kampfgeist auch für die Demokratie im eigenen Land einsetzt (was angesichts der Natur des Krieges und seiner modernen Erscheinungsformen wie beispielsweise die hybride Kriegführung wichtig wäre), taucht überhaupt nicht auf.

Der neue Erlass soll u.a. dazu dienen, die Handlungssicherheit des Soldaten mit brauchbaren Grundsätzen zu verbessern. Dies wird vor allem dadurch erreicht, dass seine Denk- und Handlungsfreiräume durch Verbote eingeschränkt werden. Erneut drängt sich der Verdacht auf, dass es weniger um den Soldaten als vielmehr um den Selbstschutz der Politik geht.

Diese deutliche Akzentverschiebung birgt eine Gefahr in sich, die real ist, aber kaum gesehen wird. Statt den Dialog mit Politik und Gesellschaft zu suchen, folgen ministerielle Beamte und hohe Offiziere schon seit längerer Zeit einer selbstgesetzten Maxime, die recht eigentlich betrachtet ein Armutszeugnis für die politische Kultur eines Landes ausstellt. Die immer wieder zu hörende Maxime lautet: „Wenn Du etwas Gutes für die Streitkräfte tun willst, dann muss die Initiative dafür von außerhalb kommen." Um es zugespitzt zu formulieren: Wer dieser Maxime anhängt, weist sich eine Rolle zu, wie sie subversiv agierende Spezialkräfte innehaben. Ein zweiter Grundsatz ist es scheinbar, über die multinationale Kooperation und über bürokratische Prozesse die Politik auszuspielen. Bestimmte Entscheidungen erscheinen am Ende dann als alternativlos. Damit ist das Wesen der Politik (verantwortliche Entscheidungen zu treffen) und des Beamten/Berufssoldaten (diese gewissenhaft umzusetzen) auf den Kopf gestellt.[185] Soldaten handeln politisch, ohne dazu ausreichend legitimiert zu sein.

---

[185] Siehe Max Weber, Der Beruf zur Politik. In: ders., Soziologie, Universalgeschichtliche Analysen, Politik, München 1973, S. 167-185.

In diesem Zusammenhang ist ein Trend zu beachten, der in den USA schon gängige Praxis ist: dass Politiker von ihren Militärs erwarten, nicht Handlungsoptionen zur Erreichung bestimmter politischer Ziele, sondern gleich strategische Optionen (also auch die politischen Ziele) vorgeschlagen zu bekommen. Die Rolle des Militärs als politischer Akteur hat also zugenommen, was angesichts der politischen Konflikte im Rahmen des internationalen Krisenmanagements und der innenpolitischen Polarisierungen nicht unerwartet sein dürfte, aber dennoch Transparenz und Anpassungen in der politischen Kultur sowie im soldatischen Selbstverständnis erfordert.

Insgesamt ist der Entwurf des neuen Traditionserlasses eine deutliche, von der politischen Kultur her betrachtet rückwärtsgewandte Neuakzentuierung im Bild des guten Soldaten. Er lässt viele Aspekte der Gestaltung der demokratischen zivil-militärischen Beziehungen, die angesichts neuer sicherheitspolitischer Herausforderungen auf uns zukommen, außer Acht.

Die Vorschriften zur Truppenführung

Die Vorschriften zur Truppenführung (TF) sind die zentrale Doktrin der Bundeswehr über Landstreitkräfte im Einsatz. Sie beinhalten das gültige Erbe des deutschen Soldaten aus dem 19. und 20. Jahrhundert. Vielen Armeen in der ganzen Welt dienten die zwischen den Weltkriegen verfassten TF als Blaupause. Sie sind auch heute ein wichtiger Bestandteil der deutschen Staatlichkeit, selbst wenn viele dies so nicht mehr anerkennen wollen.

Das Dachdokument der derzeit gültigen, aus mehreren Modulen bestehenden Regelungsreihe „... beschreibt den Kern deutschen Verständnisses zur Führung von Landstreitkräften…".[186] Es richtet sich vorrangig an diejenigen militärischen Führer, die aus unterschiedlichen militärischen und ggf. auch zivilen Kräften zusammengesetzte Verbände führen. In der Regel handelt es sich dabei um Generale bzw. Admirale und höhere Offiziere. Aber auch diejenigen Offiziere und Unteroffiziere, die Truppenführer beraten, sollen dessen Grundsätze kennen. Dementsprechend ist das Dachdokument auch Grundlage für die Ausbildung aller Offiziere und teilweise auch der Unteroffiziere.[187]

Die erst kürzlich neu erlassene TF kann auf eine lange Überlieferung zurückblicken. Diese reicht bis zur „Instruktion für die höheren Truppenführer" aus dem Jahr 1885 zurück.[188] Tradiert wurde ein spezifisch deutsches Verständnis von Truppenführung. Das bedeutet nicht, dass die Inhalte der Führungsgrundsätze national geprägt wären. Nein, ganz im Gegenteil. Die Inhalte sind vor allem aus der *Natur* des Krieges abgeleitet. Sie gelten unabhängig von Ort und Zeit. Spezifisch deutsch ist das „… Verständnis für zahlreiche Grundsätze und ihre Anforderungen an die militärische Führung…".[189] Grundsätze werden nicht als konkrete Handlungsanweisungen für bestimmte Situationen detailliert vorgegeben, sondern als allgemeine Führungsgrundsätze angeboten, aus denen die Truppenführer „… die jeweils zutreffenden Grundsätze auftrags- und lagebezogen …" anwenden und miteinander kombinieren.[190] Sie ermöglichen ein einheitliches Verständnis von Truppenführung unter den Führungskräften der Bundeswehr, und gleichzeitig gewähren sie Freiräume für indi-

---

[186] Inspekteur des Heeres, Truppenführung (TF), Strausberg 2017, Nr. 103.
[187] TF, Nr. 106.
[188] TF, Nr. 203.
[189] TF, Nr. 203.
[190] TF, Nr. 111.

viduelle Führungskunst.[191] Dementsprechend definiert die TF Truppenführung als „… eine Kunst, eine auf Charakter, Können und geistiger Kraft beruhende schöpferische Tätigkeit…".[192] Diese Definition aus der neuesten Vorschrift, deren Wortlaut identisch ist mit dem der Vorschriften von 1924 (von Seeckt) und 1933 (Beck), stellt eine Traditionslinie dar[193], die auch im neuen Traditionserlass der Bundeswehr nicht weiter thematisiert wird, die jedoch ganz dem Geiste der Inneren Führung und auch dem Leitbild vom ‚Staatsbürger in Uniform' entspricht: der aus geistiger Freiheit und mitdenkendem Gehorsam Verantwortung übernehmende Soldat.

Deutlich zeigt sich hier, dass auch die Truppenführung auf den gebildeten Soldaten angewiesen ist. Dieses Angewiesensein lässt sich sehr schön kriegstheoretisch begründen. Denn Vorschriften neigen dazu, uns eine Gewissheit zu vermitteln, die in der wirklichen Welt von Krieg und Einsatz so gar nicht existiert. Ihre Inhalte müssen daher die Uneindeutigkeit der Kriegs- und Einsatzwirklichkeit genauso widerspiegeln wie sie dem Zufall und dem Glück Raum geben sollten. Wenn der Leser den Eindruck gewinnt, dass es auf ihn, sein Mitdenken und seine Verantwortungsbereitschaft ankommt und dass im Kriege Entscheidungen aus einem ‚Takt des Urteils' heraus gefällt werden, dann hat die TF ihren primären Zweck erfüllt. Sie bringt auch das große Vertrauen in die (Selbst-) Bildung des Soldaten, vor allem der militärischen Führer, zum Ausdruck. Damit hebt sie sich wohltuend von der 10/1 ab,

---

[191] TF, Nr. 901.
[192] TF, Nr. 302.
[193] Zur Entwicklung der TF siehe Werner von Scheven, Die Truppenführung. Zur Geschichte ihrer Vorschrift und zur Entwicklung ihrer Struktur von 1933 bis 1962. 11. Generalstabslehrgang (H), Hamburg 1969.

die einem platonischen Zauber unterliegt und den Schwerpunkt auf möglichst konkrete Handlungsanweisungen legt. Erneut möchte ich an dieser Stelle darauf hinweisen, dass die Väter der Inneren Führung Anfang der 50er Jahre zwar etwas „grundlegend Neues"[194] schaffen wollten und auch tatsächlich geschaffen haben, dass sie dabei allerdings auch auf Denktraditionen zurückgriffen, die aus der Zeit vor 1945 stammten. Damit bewahrheitet sich einmal mehr eine wesentliche Erkenntnis des großen deutschen Philosophen des 20. Jahrhunderts, Hans-Georg Gadamers, dass „... selbst wo das Leben sich sturmgleich verändert, wie in revolutionären Zeiten, ... sich im vermeintlichen Wandel aller Dinge weit mehr vom Alten (bewahrt), als irgendeiner weiß, und ... sich mit dem Neuen zu neuer Geltung zusammen (schließt)".[195] Im heutigen Traditionsverständnis der Bundeswehr kommen diese oftmals unbewusst tradierten Denkweisen allerdings zu kurz. Der Entwurf des neuen Erlasses führt deutsche Errungenschaften wie Stabsarbeit und Führen mit Auftrag an, ohne deren Traditionswürdigkeit näher zu erläutern.[196] Im Erlass von 1982 wurden sie nicht einmal erwähnt.

In meinen bisherigen Ausführungen habe ich darauf hingewiesen, dass Denktraditionen der gesamten europäischen Geistesgeschichte in das Leitbild des heutigen deutschen Soldaten eingeflossen sind. Die Analyse der Vorschriften zur Truppenführung belegt, dass auch das Führungsverständnis in deutschen Landstreitkräften weithin in Einklang steht mit dem Bild des neuen deutschen Soldaten, wie es die Innere Führung zeichnet. Ganz im Sinne

---

[194] Siehe dazu Rautenberg, H.J., Wiggershaus, N., Die „Himmeroder denkschrift" vom Oktober 1950, Karlsruhe 1977. Siehe auch ZDv 10/1, Nr. 205.
[195] Hans-Georg Gadamer, Wahrheit und Methode, Tübingen ^{5}1975, S. 266.
[196] Entwurf Traditionserlass 2017, Nr. 2.2.

der hermeneutischen Philosophie Hans-Georg Gadamers wage ich sogar die Vermutung, dass das deutsche Verständnis von Truppenführung das Denken der Reformer über das neue innere Gefüge der Bundeswehr geleitet hat. Hier besteht eine besonders starke, aber leider kaum bewusst gemachte Traditionslinie des deutschen Militärs.

Aus dem spezifisch deutschen Verständnis von Truppenführung erwachsen bis heute überaus hohe Anforderungen an den Soldaten, vor allem an den militärischen Führer. In den Vorschriften sind zahlreiche Tugenden, Einstellungen und Kompetenzen aufgeführt, die ich hier nicht im Einzelnen auflisten möchte. Ein Blick in das öffentlich zugängliche und knapp gehaltene Dachmodul der TF verdeutlicht, dass Truppenführung einhergeht mit einem umfassenden Bildungskonzept. Sie funktioniert nicht ohne den gebildeten Soldaten und schon gar nicht ohne den gebildeten militärischen Führer. Im Bildungskanon der TF steht die Tugend der Klugheit ganz oben. ‚Geistige Kraft', ‚Kreativität', ‚ganzheitliches Denken', ‚Verständnis komplexer Systeme', Kritik und Selbstkritik oder Fehlertoleranz, das sind die Begriffe, mit denen die neue TF das Primat der Klugheit zum Ausdruck bringt – wie es bereits bei ihren Vorgängern der Fall war.

Zur soldatischen Bildung gehören auch zwischenmenschliche Einstellungen und soziale Kompetenzen. In der neuen TF steht beispielsweise der schöne Satz „Wer Menschen führen will, muss Menschen mögen"[197]. Dieser findet sich bereits in ähnlichem Wortlaut oder in vergleichbaren Redewendungen wie beispielsweise „mit Herz und Verstand führen" in älteren Vorschriften. Sogar der Begriff der Liebe taucht in diesem Zusammenhang auf.[198] Auch in der

---

[197] TF, Nr. 402.
[198] Darauf wies General Schneiderhan in einer Rede am 27. Juni 2006 in Celle hin. Siehe dazu Hartmann, Innere Führung, S. 99f. Gerne erinnere ich mich an einen Kaminabend mit General Hans-Lothar Domröse an

10/1 aus dem Jahre 2008 steht dieser sympathische Satz.[199] Einen hohen Stellenwert in der TF haben auch traditionelle soldatische Führungsgrundsätze wie Vorbildsein, Ruhe und Gelassenheit ausstrahlen, „… Gefahren und Entbehrungen, Freud und Leid…" mit der Truppe teilen[200], sich beraten lassen, Vertrauen schaffen, Fehlerkultur vorleben[201], Sinn vermitteln[202] und interkulturelle Bildung fördern. Wenn ich nun auch noch darauf hinweise, dass in der TF aus dem Jahre 2017 auch die Legitimation des militärischen Auftrags oder das Integrationsgebot angeführt und auf Einsätze von Landstreitkräften angewandt werden, dürfte klarwerden, dass zwischen der 10/1 und der TF kaum inhaltliche Unterschiede bestehen. Innere Führung und Truppenführung (also die ‚Äußere Führung', wie sie General Graf von Kielmansegg 1953 bezeichnete) lassen sich nicht trennen. Beide beruhen auf einer gemeinsamen Tradition, die weit in das 19. Jahrhundert zurückreicht: der aus geistiger Freiheit gehorchende, umfassend gebildete Soldat, der mit dem Bürger versöhnt ist. Wer diese geistige Freiheit beschränkt, trifft auch die Integration der Armee in die Gesellschaft, und er unterbricht eine Traditionslinie, die beide nährt.

An dieser Stelle möchte ich noch einmal betonen: In der TF werden Tugenden wie die Klugheit sowie die umfangreiche Liste sozialer Kompetenzen nicht aus allgemeinen humanistischen Prinzipien oder Attraktivitätsgesichtspunkten abgeleitet, sondern aus der Natur des Krieges und dem

---

der HSU/UniBwH in Hamburg im Jahre 2011. Als der Militärpfarrer Michael Rohde den Begriff der Liebe benutzte, nahm General Domröse diesen auf und diskutierte längere Zeit mit den anwesenden Professoren und studierenden Offizieren, was dieser Begriff im militärischen Kontext bedeutet.
[199] ZDv 10/1, Nr. 607.
[200] TF, Nr. 402.
[201] TF, Nr. 415.
[202] TF, Nr. 417.

spezifisch deutschen Verständnis von Führung im Krieg. Hier besteht eine Denktradition, auf der die Reformer in ihrem Bemühen, die neuen deutschen Streitkräfte als Armee in der Demokratie zu begründen, aufbauten. Sie haben die Idee des aus innerer Freiheit gehorchenden Soldaten erweitert um die äußere, d.h. politische Freiheit. Dies hatte Auswirkungen auf das Führungsverständnis und spiegelt sich, wie ich mit den folgenden Ausführungen zeigen möchte, auch in der neuesten TF eindrucksvoll wider.

Ich habe schon darauf hingewiesen, dass die Innere Führung den Soldaten unabhängig von seinem Dienstgrad als ein ‚strategisches Subjekt' darstellt. Die beiden wesentlichen Bestimmungsgrößen dafür sind sein Gewissen sowie seine politische Mitverantwortung. Daher bezeichneten die Väter der Inneren Führung den Soldaten zunächst als freien Menschen, dann als vollwertigen Staatsbürger und schließlich als guten Soldaten. Dieser Grundgedanke findet sich auch in der neuen TF wieder. Besonders deutlich kommt er in den zwei leitenden Prinzipien der Truppenführung, dem ‚Führen mit Auftrag' sowie dem ‚wirkungsorientierten Denken', zum Ausdruck.

Die TF stellt klar: „Führen mit Auftrag ist deutsches Führungsprinzip und einer der Eckpfeiler des soldatischen Selbstverständnisses in den deutschen Streitkräften...".[203] Ganz wichtig für unser Verständnis von ‚Führen mit Auftrag' ist die Einsicht, dass damit ein umgreifendes Führungsprinzip gemeint ist. Es soll immer gelten und so die „innere Einstellung" von Truppenführern genauso wie das „Verhalten der Untergebenen" prägen. Um es in Clausewitz' Worten zu beschreiben: Führen mit Auftrag ist ein wesentliches Element der „kriegerischen Tugend des Heeres". Dabei meint Führen mit Auftrag mehr als die dezent-

---

[203] TF, Nr. 601.

rale Ausführung von Befehlen. Es fordert Vorgesetzte auf, Aufträge zu erläutern und Handlungsfreiheit in der Auftragsdurchführung zu geben. Auf der anderen Seite erwartet es von Unterstellten, selbständig, d.h. auch ohne Befehle zu handeln, ja sogar vom Auftrag abzuweichen, um die Ziele der übergeordneten Führung zu erreichen.[204] Die soldatische Erziehung soll dafür die Voraussetzungen schaffen. Militärische Führung ist daher grundsätzlich mit einer erzieherischen Zielsetzung verbunden. Der Vorgesetzte ist also immer auch Erzieher.[205]

Es wurde bereits darauf hingewiesen, dass aus Sicht der Inneren Führung das Handeln im Sinne der übergeordneten Führung auch die politischen Ziele mit umfasst. Dies ist ja gerade der Unterschied zwischen der Auftragstaktik deutscher Armeen bis 1945 und der Inneren Führung ab 1955. ‚Führen mit Auftrag' baut auf der tradierten Auftragstaktik auf und erweitert sie um die Berücksichtigung der politischen und ethischen Auswirkungen militärischen Handelns. Jeder Soldat steht also mit in der Verantwor-

---

[204] TF, Nr. 604. Zur Begründung dieses deutschen Führungsprinzips und seiner Anwendung im Zweiten Weltkrieg siehe Sigg, Der Unterführer als Feldherr im Taschenformat.

[205] Auch im Hinblick auf den Erziehungsauftrag der Vorgesetzten in der Bundeswehr gibt es, ähnlich wie bei der Inneren Führung, eine enorme Begriffsverwirrung. Zudem existiert ein Mythos des Vorgesetzten als eines geborenen Führers, der unbewusst richtig erzieht. Die Erziehungsaufgabe fordert allerdings besondere pädagogische Anstrengungen in Theorie und Praxis, wie das Beispiel der Auftragstaktik oder des Führens mit Auftrag zeigt. Denn von der Kultur her betrachtet ist der Deutsche eher risikoavers und planungsorientiert (siehe dazu Richard D. Lewis, When Cultures Collide. Leading across Cultures, Boston/London 2012, S. 223-233). Das deutsche Verständnis von Führung in Krieg und Einsatz erfordert allerdings einen Soldaten, der bewusst Risiken eingeht und trotz Ungewissheit handelt. Bei diesen Differenzen zwischen dem, was der Soldat mitbringt und dem, was Krieg und Einsatz gem. dem gültigen Kriegsbild von ihm fordern, setzt die soldatische Erziehung an.

tung. Was das konkret im Einsatz bedeutet, bezeichnet die TF als ‚wirkungsorientiertes Denken'. Damit ist gemeint, dass der Truppenführer und seine Berater die Wirkungen ihrer geplanten Handlungen auf „… einen politisch vorgegebenen Endzustand…"[206] hin beurteilen. „Ganzheitlich sind dabei alle Arten von Wirkungen, letale und nicht letale, physische und psychologische Wirkungen in allen Dimensionen zu berücksichtigen."[207] Das politisch vorgegebene Ziel eines Einsatzes bzw. der politische Zweck des soldatischen Dienstes sind höchste Referenzgrößen für selbständiges Handeln. Sie sind auch Grundlage für Legitimation und Motivation. Hier zeigt sich erneut die nicht überschätzbare Bedeutung der Tugend der Klugheit als höchste Tugend des Einzelnen wie der gesamten Streitkräfte. Die neue TF bringt dies weitaus deutlicher zum Ausdruck als die 10/1.

Vor diesem Hintergrund ist die weit verbreitete Kritik an der Führungsphilosophie der Bundeswehr als wenig einsatztauglich kaum verständlich. Die ursprüngliche Innere Führung und die Vorschriften zur Truppenführung sind weithin kompatibel. Beide beruhen auf einer Analyse der Natur des Krieges und seiner zeitgeschichtlichen Erscheinungen; beide stellen die Verantwortung und den Gehorsam aus Freiheit in den Mittelpunkt; und beide legen einen Schwerpunkt auf den gebildeten Soldaten. Dies zeigt einmal mehr, dass die Denktradition der Truppenführung bewusst oder unbewusst das Denken der Gründungsväter der Bundeswehr geleitet hat. In der Inneren Führung steckt weitaus mehr vom Alten, als man gemeinhin denkt.

---

[206] TF, Nr. 613.
[207] TF, Nr. 613. Siehe dazu auch Erik Rattat, Der militärische Führer im komplexen Operationsumfeld. In: Uwe Hartmann, Claus von Rosen (Hrsg.), Jahrbuch Innere Führung 2015. Neue Denkwege angesichts der Gleichzeitigkeit unterschiedlicher Krisen, Konflikte und Kriege, Berlin 2015, S. 142-148.

Das eigentlich Neue an der Inneren Führung ist die politische Mitverantwortung. Sie ist das Kraftzentrum, aus dem der Einzelne geistige Orientierung für den Sinn seines Dienstes wie auch für sein Handeln gewinnt.

Die Innere Führung ist also nicht nur ein wesentlicher Teil der bundeswehreigenen Tradition, sie ist auch das Medium, über das deutsche Militärtraditionen aus der Zeit vor 1945 in die Bundeswehr hinein transportiert wurden. Soweit ich das sehen kann, wurde diese wichtige historische Erkenntnis in den Workshops zur Neubearbeitung des Traditionserlasses nicht angemessen behandelt.[208]

Wenn junge Soldaten ebenso wie hohe Vorgesetzte eine stärkere Betonung des Kampfes im Bild des guten Soldaten fordern, stellt sich die Frage, in welchen Vorschriften dies verankert werden sollte. Der Traditionserlass ist ein politisches Dokument, das vom Bundesminister der Verteidigung unterzeichnet wird. Hier stehen politische Vorgaben zur Ausgestaltung der zivil-militärischen Beziehungen im Mittelpunkt. Vorschriften zur Führung werden von der militärischen Führung erlassen. Sie richten sich an die militärischen Führungskräfte in der Bundeswehr und indirekt damit an alle Soldaten. Aussagen zum Umgang mit der Militärgeschichte und deren Bedeutung für die Bildung von Soldaten könnten sicherlich in neuen Fassungen der Truppenführung aufgenommen werden. Der Traditionserlass könnte hierfür Sinn, Zweck und Grenzen aufzeigen. Entscheidend ist jedoch, dass das Zentrum der Kraftentfaltung von Streitkräften und einzelnen Soldaten nicht die Beschäftigung mit Gefechtssituationen allein ist, sondern der umfassend gebildete Soldat. Es kommt darauf an, dieses bewusst zu machen und mit der politischen Kultur von Demokratie und Freiheit zu verbinden. Dazu gehört der

---

[208] Siehe dazu auch Donald Abenheim, Tradition und Innere Führung. In: Jahrbuch Innere Führung 2017, Berlin 2017, S. 209-218.

gewaltsame, aber auch der geistige Kampf zum Schutz von Recht und Freiheit, der davon nicht getrennt werden darf. Dies erkannte bereits Clausewitz, dies wussten die Gründungsväter der Bundeswehr, und dies kommt heute wieder stärker in unser Bewusstsein, wenn wir über die hybriden Bedrohungen nachdenken. Damit verliert die Perspektive einer heroischen Gemeinschaft ihre verführerische Kraft. Wenn Truppenführung es ernst meint mit der Natur des Krieges als Spiel der Wahrscheinlichkeiten, dann weiß sie auch um die Gefahr, die ein tiefer Graben zwischen Gesellschaft und Militär mit sich bringt. Insbesondere bei gescheiterten Einsätzen oder schwerwiegenden Fehlern wären wechselseitige Schuldzuweisungen bis hin zu Verschwörungstheorien und Dolchstoßlegenden an der Tagesordnung. Dies untergrübe nicht nur die Demokratie, sondern auch die „kriegerische Tugend des Heeres".

Was bedeutet diese Würdigung der TF für unsere Frage nach dem guten Soldaten? Der gute Soldat ist ein handwerklich gut ausgebildeter Soldat, der diszipliniert im Sinne politischer Ziele und der Absicht der übergeordneten militärischen Führung mitdenkt und selbständig handelt. Dabei berücksichtigt er jederzeit die wahrscheinlichen Wirkungen seines Tuns. Er ist also das Gegenteil des klassischen Freischärlers genauso wie des Goetheschen Zauberlehrlings. Er sieht in Innerer Führung und Truppenführung keinen Gegensatz, sondern weiß um die gemeinsamen Wurzeln, die weit in die deutsche Militärgeschichte zurückreichen. Der gebildete Soldat ist das eigentliche Zentrum der Kraftentfaltung. Hieraus speist sich die kriegerische Tugend des Ganzen wie die Einsatzbereitschaft des Einzelnen. Er grenzt sich nicht von der eigenen Gesellschaft ab (im Einsatz auch nicht von der Gesellschaft im Einsatzland), sondern erkennt, dass Bildung im permanenten Austausch mit der Gesellschaft seinen Einsatz- und Gefechtswert mitbestimmt. Er versteht seinen Beruf daher als harte Arbeit an sich selbst und legt einen Schwerpunkt seiner Führungsaufgabe auf die Erziehung unterstellter Soldatinnen und Soldaten.

2. Meinungsumfragen

Empirische Studien über die Einstellungen von Soldatinnen und Soldaten der Bundeswehr zu Freiheit, Demokratie und staatsbürgerlicher Verantwortung wurden eher selten durchgeführt. Es gibt eine neuere Befragung Studierender Offiziere und Offizieranwärterinnen bzw. -anwärter an den beiden Universitäten der Bundeswehr. Diese förderte zutage, dass ein gewisser Prozentsatz des Führungsnachwuchses der Bundeswehr vom Gedankengut der Neuen Rechten beeinflusst ist.[209] Eine Skandalisierung dieses Ergebnisses unterblieb, weil vergleichbare Studien an zivilen Bildungseinrichtungen höhere Prozentzahlen ergaben. Nichtsdestotrotz hat auch die Bundeswehr an dieser Stelle ein Problem, mit dem sie sich wie andere staatliche Institutionen auch beschäftigt.[210]

Im Jahre 2014 veröffentlichten Angelika Dörfler-Dierken und Robert Kramer, beide Mitarbeiter am Zentrum für Militärgeschichte und Sozialwissenschaften der Bundeswehr (ZMSBw) in Potsdam, eine Studie mit dem Titel

---

[209] Sozialwissenschaftliches Institut der Bundeswehr, Ergebnisse der Studentenbefragung an den Universitäten der Bundeswehr Hamburg und München 2007, Forschungsbericht 89, Strausberg März 2010. Siehe auch Der Spiegel, Bundeswehr: Rechte Studenten, Nr. 42/2009, S. 20. Zu den weiteren Ergebnissen dieser Studie siehe SOWI.NEWS. Newsletter des Sozialwissenschaftlichen Instituts der Bundeswehr, Heft 2/2010, S. 2-12.

[210] An diesem Zusammenhang sei eine Initiative von Studierenden der HSU/UniBwHH angeführt, die als Deutscher.Soldat e.V. auch im politischen Raum große Aufmerksamkeit findet. Siehe auch Cornelia Fedtke, Kai-Uwe Hellmann, Jan Hörmann, Migration und Militär. Zur Integration deutscher Soldaten mit Migrationshintergrund in der Bundeswehr, Berlin 2013.

„Innere Führung in Zahlen". Erstmals wurde die Führungsphilosophie der Bundeswehr selbst zum Gegenstand einer empirischen Untersuchung. Sie führte zu teilweise überraschenden Erkenntnissen über Bekanntheit und Akzeptanz der Inneren Führung bei Soldatinnen und Soldaten der unterschiedlichen Organisationsbereiche sowie Dienstgradgruppen in der Bundeswehr.

Dass die Innere Führung besser bekannt ist bei Berufsoffizieren als bei den Unteroffizieren und Mannschaften, das überrascht nicht. Erstaunlich ist allerdings ihr geringer Bekanntheitsgrad insgesamt. Annähernd die Hälfte aller Soldatinnen und Soldaten der Bundeswehr bekennt, dass sie davon nichts Konkretes wüsste oder sich auch nichts darunter vorstellen könnte.[211] Bei unteren Dienstgraden sind die Zahlen noch niedriger. Die Autoren stellen fest: „Große Anteile der Soldatinnen und Soldaten in den Dienstgradgruppen Mannschaften (78 Prozent) und Unteroffiziere o.P. (60 Prozent) geben an, ‚nichts Konkretes' zu wissen oder ‚vorher noch nie davon gehört bzw. gelesen' zu haben und sich ‚auch nichts darunter vorstellen' zu können."[212] Am geringsten sind die Kenntnisse bei den Soldatinnen und Soldaten des Heeres.[213] Diese Ergebnisse sind ernüchternd, vielleicht sogar skandalös. Man sollte doch meinen, dass in einer Organisation, in der nur noch Freiwillige dienen und selbst Mannschaften oftmals eine langjährige Verpflichtungszeit haben, annähernd alle sich mit der gültigen Organisationsphilosophie ihrer Armee auskennen. Zumal dies auch der Anspruch der 10/1 selbst

---

[211] Angelika Dörfler-Dierken, Robert Kramer, Innere Führung in Zahlen. Streitkräftebefragung 2013, Berlin 2014, S. 19.
[212] Dörfler-Dierken, Kramer, Innere Führung in Zahlen, S. 21.
[213] Dörfler-Dierken, Kramer, Innere Führung in Zahlen, S. 22. Dabei hat die Studie die zivilen Mitarbeiter der Bundeswehr noch gar nicht erfasst.

ist.²¹⁴ Überraschend ist zudem, dass dieses Ergebnis weder innerhalb der Bundeswehr noch in Politik und Gesellschaft öffentlich diskutiert wurde. Werden die langfristigen Wirkungen der geringen Bekanntheit und Akzeptanz der Inneren Führung auf Selbstverständnis, Führungskultur und zivil-militärische Beziehungen nicht gesehen? Fühlt sich keiner verantwortlich? Es könnte auch sein, dass sich nach Aussetzung der Wehrpflicht ein stillschweigender Paradigmenwechsel vollzogen hat. War die Innere Führung früher für die Sinnaufladung des soldatischen Dienstes von Wehrpflichtigen erforderlich, so übernimmt heute der schnöde Mammon oder sonstige Attraktivitätsannehmlichkeiten diese Funktion. Es könnte allerdings auch sein, dass manche Vorgesetzte die ungeliebte Innere Führung absichtlich gegen die Wand fahren.

Was sind die Ursachen für die ernüchternden Zahlen über Innere Führung? Dörfler-Dierken und Kramer liefern hierfür keine tiefer gehende Analyse. Sie geben indessen Empfehlungen ab, die indirekt auf Defizite hinweisen. Sie raten zu Nachsteuerungen, damit „… (möglichst) alle Soldatinnen und Soldaten sich die Grundsätze und Gedanken der Inneren Führung zu eigen machen".²¹⁵ Dazu regen sie eine intensivere Nutzung der Vorschrift an und empfehlen, geeignete Unterrichtsentwürfe sowie Lehr- und Lernmaterialien in dienstgradgruppenspezifischen Veröffentlichungen anzubieten. Änderungsbedarf bei der Vorschrift sehen sie allenfalls an einzelnen Punkten.²¹⁶ Die Autoren gehen also sehr freundlich mit ihrem Dienstherrn um.²¹⁷

---

²¹⁴ ZDv 10/1, Nr. 102.
²¹⁵ Angelika Dörfler-Dierken, Robert Kramer, Innere Führung in Zahlen, S. 28
²¹⁶ Angelika Dörfler-Dierken, Robert Kramer, Innere Führung in Zahlen, S. 28.
²¹⁷ Deutlicher stellen Dörfler-Dierken und Kramer die Führungsverantwortung in ihrem Beitrag „Totgesagte leben länger" in der IF. Zeitschrift für Innere Führung, 1/2015, S. 52-59 heraus.

Vielleicht ist es an der Zeit, Klartext zu sprechen. Während eines der Workshops zum Traditionsverständnis der Bundeswehr stellte ein General die Bedeutung von Namen wie Scharnhorst und Moltke für die Soldatinnen und Soldaten in Frage, weil sie diese sowieso nicht kennten.[218] Die Zuhörer lachen. Beides, das Geringschätzen von Bildung und Bildungsinteresse bei jungen Soldaten niedrigerer Dienstgrade ebenso wie das Nichterkennen des Skandalösen dieser Aussage, ist erschütternd. Es ist ein deutlicher Hinweis auf das, was Dörfler-Dierken und Kramer nur höflich andeuten: Bei Vorgesetzten auf allen Führungsebenen ist das Verständnis für ihren Erziehungs- und Bildungsauftrag kaum mehr vorhanden. Und in der Förderung von Bekanntheit und Akzeptanz der Inneren Führung haben sie wenig getan.

Diese Diagnose möchte ich mit einer Anekdote, die mir kürzlich ein ziviler Wehrgeschichtslehrer erzählte, untermauern. Er unterrichtete junge Offizieranwärterinnen und -anwärter über die Innere Führung, als ein hoher Vorgesetzter im Generalsrang zur Dienstaufsicht im Unterrichtsraum erschien. Der Lehrer bat ihn, sein Verständnis von Innerer Führung den angehenden Offizieren vorzustellen. Der Vorgesetzte antwortete daraufhin: „Machen Sie das mal. Sie sind der Experte dafür."

Wer meint, dass dies ein Fall von Führungsversagen eines Einzelnen ist, der möge sich bitte einmal eine Liste mit Publikationen zur Inneren Führung anschauen. Heute beschäftigen sich vor allem diejenigen mit der Inneren

---

[218] Das gesprochene Wort ist wiedergegeben in Remme, Unterwegs in kontaminiertem Gelände, S. 6: „Der eigentliche Begriff der Tradition ist für die Truppe eher sperrig. Der Vorgesetzte zieht die Schlussfolgerung daraus: wenn ich im Bataillon, in der Brigade mal einen Preis auslobe, dann nenn ich den lieber Gneisenau- oder Scharnhorst-Preis und besser nicht Moltke- oder Schlieffen-Preis. Nicht, weil er wirklich ein Problem mit Moltke oder Schlieffen hätte, aber weil er weiß: Na, im Zweifelsfall ist das besser so. Und meine Soldaten kennen alle vier nicht."

Führung und halten deren Fahne hoch, die am Führungsgeschehen eher indirekt teilnehmen. Gemeint sind Militärpfarrer, zivile Dozenten und Reservisten.[219] Das war bis in die 80er Jahre hinein noch deutlich anders.[220]

Es muss auch die kritische Frage gestellt werden, welchen Beitrag die Gesellschaft, insbesondere die Wissenschaften und Bildungsinstitutionen sowie die Medien leisten, um auf die Angehörigen der Bundeswehr erzieherisch einzuwirken. Es ist richtig, dass die Gesellschaft bei rechtsextremen Umtrieben und Fehlverhalten in der Menschenführung hart reagiert. Wie kann sie es indessen hinnehmen, dass die Innere Führung, die recht eigentlich betrachtet ihr Schutz gegenüber allen Zumutungen des Militärs ist, so an Wertschätzung und Relevanz verlieren konnte?

Um diese Fehlentwicklungen zu korrigieren, schlage ich eine pädagogische Kehrtwendung vor. Vorgesetzte auf allen Führungsebenen sollten dafür nicht auf Vorgaben von oben warten, sondern selbst die Initiative ergreifen. Nicht umsonst betont die Innere Führung Selbstkritik und Selbsterziehung. Auch mit diesem Vertrauen in die Selbstführungskräfte von militärischen Führern steht sie inmitten eine langen deutschen Militärtradition.

Darüber hinaus sollte eine didaktische Analyse der Bildungsarbeit im Bereich Innere Führung durchgeführt werden, die sowohl die militärischen Bildungseinrichtungen

---

[219] Stellvertretend seien hier der Dozent Eberhard Birk, der Militärpfarrer und Theologe Klaus Beckmann sowie der Reserveoffizier Dirk Freudenberg angeführt. Sie haben zahlreiche Veröffentlichungen zu Themen der Inneren Führung vorgelegt.

[220] Zu den Generalen und Admiralen, die sich besonders intensiv öffentlich zur Inneren Führung äußerten, gehörten u.a. Johann Adolf Graf von Kielmansegg, Ulrich de Maizière, Werner von Scheven, Dietrich Genschel, Ulrich Hundt und Hans-Christian Beck.

und die Truppe[221] sowie die erzieherischen Wirkungen der umgebenden Gesellschaft umfasst. Das hört sich nach einer großen, mehrjährigen Studie an, die von oben initiiert und von externen Wissenschaftlern oder Expertenkommissionen durchgeführt wird. Es kommt allerdings viel mehr darauf an, dass möglichst viele militärische Vorgesetzte diese Analyse für ihren jeweiligen Verantwortungsbereich durchführen. Sie sollten selbst herausfinden, ob und warum es auch in ihren Bereichen kaum gelingt, Ideen und Grundsätze der Inneren Führung zu vermitteln und die Bereitschaft zu wecken, aktiv an ihrer Weiterentwicklung mitzuarbeiten.

Didaktische Analysen sollten auch die weit verbreitete Überzeugung hinterfragen, dass es nur darauf ankäme, Innere Führung ‚vorzuleben'. Wie das gehen soll, ohne sich intensiv geistig mit der Inneren Führung zu beschäftigen und vielleicht auch mal Texte zur Inneren Führung oder Abhandlungen zu lesen und mit anderen darüber zu diskutieren, ist mir schleierhaft.[222]

Es ist aber nicht alles schlecht. Es gibt neben Ablehnung und Ignoranz auch viele kluge und engagierte Ideen. Die hier geforderte didaktische Analyse sollte diese aufnehmen und Vorschläge erarbeiten, wie positive Beispiele und Projekte zur Vermittlung der Inneren Führung bekannt gemacht und zur Nachahmung empfohlen werden kön-

---

[221] In diesem Zusammenhang sollten auch die Schließung von Offizier- und Unteroffizierheimgesellschaften sowie die Offizier- und Unteroffizierausbildung unter die Lupe genommen werden.

[222] An dieser Stelle möchte ich eine weitere Initiative erwähnen, die ich an Bildungseinrichtungen der US-amerikanischen Streitkräfte erlebt habe. Unter dem Titel „Read" haben hochrangige Persönlichkeiten Offiziere aufgefordert, Bücher zu lesen. Am US Army War College lud der Kommandant in 2013/14 Offiziere in sein Haus ein, um mit bekannten Autoren über deren Bücher zu diskutieren.

nen.²²³ In der klassischen Zeit der Bundeswehr vor 1990 gab es Zeitschriften wie die „Truppenpraxis" oder die „Wehrausbildung", die über Jahrzehnte hinweg einschlägige Artikel zu dem weiten Themenfeld der Inneren Führung publizierten. Zu den Autoren gehörten auch junge Offiziere. Auch ich habe darin meinen ersten Artikel veröffentlicht.²²⁴

Der Niedergang der Inneren Führung ist auch deshalb so erschütternd, weil die Voraussetzungen für die Vermittlung dieser Führungsphilosophie eigentlich durchaus günstig sind. Themen der Inneren Führung sind in den Lehrplänen von Ausbildungsgängen fest verankert (beispielsweise der Grundausbildung oder den diversen Ausbildungsgängen für Unteroffiziere und Offiziere). Untersuchungen zur Motivation junger Menschen in der Freiwilligenarbeit zeigen, dass das Bedürfnis nach demokratischer Mitgestaltung und sozialer Teilhabe stärkste Motive für ihren Dienst sind.²²⁵ Da die Mannschaften sich heute im Gegensatz zu den Grundwehrdienstleistenden vor 2011 in der Regel zu mehrjährigem Wehrdienst verpflichten, müsste eigentlich mehr Zeit für die Bildungsarbeit vorhanden sein – zumindest bezogen auf die Lernbiographie des einzelnen Soldaten. Da der formale Bildungsstand von Mannschaften und Unteroffizieren recht hoch ist²²⁶, dürften Interesse und Intellekt selbst für schwierige Fragen der Inneren Führung gegeben sein. Es gibt empirische Befunde dafür, dass gera-

---

[223] Für Einsätze gibt es einen aufwändigen lessons learned Prozess. Warum nicht für die Innere Führung?
[224] Uwe Hartmann, Trauer und Ehre. Gedanken zum Traditionsverständnis der Bundeswehr. In: Truppenpraxis 3/1990, S. 272-276.
[225] Siehe Bundesministerium für Familie, Senioren, Frauen und Jugend, Freiwilliges Engagement in Deutschland. Zentrale Ergebnisse des Deutschen Freiwilligensurveys 2014, November 2016.
[226] Bereits das Weißbuch 2006 wies darauf hin. BMVg, Weißbuch 2006 zur Sicherheitspolitik Deutschlands und zur Zukunft der Bundeswehr, S. 144.

de die Mannschaften sich oftmals unterfordert fühlen und mehr Verantwortung wünschen.[227] Dass diese Chancen nicht genutzt werden, deutet erneut auf ein pädagogisches Versagen erster Klasse hin. Die bekannte These des Münchener Historikers Michael Wolffsohn, dass der Nachwuchs der Bundeswehr vor allem aus den prekären Schichten stamme, ließ sich empirisch bisher jedenfalls nicht belegen. Auch der Offiziernachwuchs rekrutiert sich nicht aus bildungsfernen Gesellschaftsgruppen. Studierende an den Universitäten der Bundeswehr stammen in ähnlich hohen Prozentzahlen aus akademisch gebildeten Familien wie Studenten an öffentlichen Hochschulen.[228] Hier liegt ein enormes Potential brach.

Die von Dörfler-Dierken und Kramer ermittelten Ergebnisse deuten darauf hin, dass es in der Bundeswehr heute durchaus schick ist, die Innere Führung kritisch zu sehen und vielleicht auch schlecht zu reden. „Durch Soldatinnen und Soldaten in sämtlichen Dienstgradgruppen wird die Einstellung der Mehrheit der Kameradinnen und Kameraden der Inneren Führung gegenüber als signifikant schlechter eingeschätzt als die eigene."[229] So mancher mag sich gar nicht mehr trauen, die Fahne der Inneren Führung hochzuhalten. Dass es auch in der Gesellschaft durchaus kontroverse Bewertungen der Inneren Führung gibt, zeigt eine innovative Analyse des Militärsoziologen Gerhard Kümmel. Er wertete die Kommentare auf einen kritischen Fernsehbericht über Fehlverhalten in der Bundeswehr aus

---

[227] Angelika Dörfler-Dierken/Philipp Heinrich, Der „strategische Gefreite" – Mannschaften und die Herausforderungen der Inneren Führung. In: Jahrbuch Innere Führung 2015. Neue Denkwege angesichts der Gleichzeitigkeit unterschiedlicher Krisen, Konflikte und Kriege, herausgegeben von Uwe Hartmann und Claus von Rosen, Berlin 2015, S. 149-190.
[228] Siehe SOWI.NEWS. Newsletter des Sozialwissenschaftlichen Instituts der Bundeswehr, Heft 2/2010, S. 4-6.
[229] Dörfler-Dierken, Kramer, Innere Führung in Zahlen, S. 33.

und stellte u.a. fest, dass die Bewertung der Inneren Führung auch innerhalb der Gesellschaft in Akzeptanz und Ablehnung gespalten ist.[230]

Einen weiteren deutlich Hinweis auf pädagogische Defizite liefert ein Ergebnis der Studie, wonach Mannschaften und Unteroffiziere die Innere Führung mehr als eine Handlungsanweisung für gute Menschenführung betrachten, während Stabsoffiziere darin vor allem eine politische Konzeption sehen. Bei Letzteren steht der Begriff des ‚Staatsbürgers in Uniform' am stärksten im Mittelpunkt ihrer Assoziationen zur Inneren Führung.[231]

Die Autoren der Studie sehen daher die Gefahr einer Aufspaltung der Inneren Führung: Aus Sicht der Mannschaften sei sie vor allem gute Menschenführung, aus Sicht der Offiziere ein politisch begründeter theoretischer Überbau.[232] Es ist daher kein Wunder, dass die Mannschaften der Aufgabe von Vorgesetzten, den politischen Sinn ihrer Aufgabe zu vermitteln, nur eine geringe Relevanz für ihre Beurteilung des Führungsverhaltens einräumen. Gleichwohl ist die Zustimmung, dass die politische Bildungsarbeit Vorgesetzten leichtfällt, vergleichsweise niedrig.[233] Erneut wird deutlich, dass ein vielschichtiges didaktisches Problem in der Vermittlung des Leitbildes vom ‚Staatsbürger in Uniform' existiert.

Überraschend ist, dass die Auslandseinsätze nicht zu einer höheren Ablehnung bzw. geringeren Akzeptanz der Inneren Führung führen, obwohl sie in so manchen Meinungs-

---

[230] Gerhard Kümmel, Das Kommando Spezialkräfte, eine Reportage und ein Trend. Eine Analyse der Zuschauerreaktionen auf der *Facebook*-Seite von „*Panorama*". In: Uwe Hartmann, Claus von Rosen (Hrsg.), Jahrbuch Innere Führung 2017. Die Wiederkehr der Verteidigung in Europa und die Zukunft der Bundeswehr, Berlin 2017, S. 253.
[231] Dörfler-Dierken, Kramer, Innere Führung in Zahlen, S. 26-27.
[232] Dörfler-Dierken, Kramer, Innere Führung in Zahlen, S. 74.
[233] Dörfler-Dierken, Kramer, Innere Führung in Zahlen, S. 49-50.

äußerungen von Soldaten gerade deshalb besonders in der Kritik steht.[234] Die Autoren der Studie weisen allerdings darauf hin, dass ab einem fünfmaligen Einsatz Soldaten die Innere Führung negativer sehen. Ob dies mit einem veränderten, ebenfalls empirisch nachweisbaren Selbstverständnis als Kämpfer[235] zu tun hat oder eine Kritik an der Fürsorge des Dienstherrn impliziert, bedarf weitergehender Untersuchungen.

Wenn Soldatinnen und Soldaten unterer Dienstgradgruppen kaum Kenntnisse über das Leitbild vom ‚Staatsbürger in Uniform' haben, bedeutet dies allerdings nicht automatisch, dass sie sich nicht als Staatsbürger sehen und auch so handeln. Ich werde in dem Abschnitt über die Erfahrungsberichte von Soldaten im Einsatz zeigen, dass diese sehr wohl und sehr viel Innere Führung praktizieren. Sie bringen ihren Dienst in Frieden, Einsatz und Krieg nur nicht mit dem Begriff der Inneren Führung und ihrem Leitbild in Verbindung. Dass sie keine abgeschlossene „heroische Gemeinschaft" bilden, sondern sehr wohl Brücken zur Gesellschaft bauen und instandhalten wollen, zeigt ihr Wunsch nach mehr gesellschaftlicher Anerkennung. Hier sehen sie konkreten Handlungsbedarf. Unter den 15 abgefragten Handlungsfeldern der Inneren Führung rangiert „Anerkennung in der Bevölkerung stärken" an Stelle 5, hat also eine vergleichsweise hohe Wichtigkeit. Die Werte bei den Mannschaften sind besonders hoch.[236]

Ich habe schon darauf hingewiesen, dass es ein großer pädagogischer Fehler ist, die Adressaten von Erziehungs- und Bildungsmaßnahmen zu unterschätzen. Trotz fehlen-

---

[234] Zuletzt Marcel Bohnert, Innere Führung auf dem Prüfstand.
[235] Siehe Angelika Dörfler-Dierken, Skandal und Struktur. Erziehung in der Bundeswehr – Erziehung der Bundeswehr. In: Uwe Hartmann, Claus von Rosen (Hrsg.), Jahrbuch Innere Führung 2017. Die Wiederkehr der Verteidigung in Europa, Berlin 2017, S. 228-229.
[236] Dörfler-Dierken, Kramer, Innere Führung in Zahlen, S. 67.

der oder nur geringer Kenntnisse der Inneren Führung haben Mannschaften ein feines Gespür für gute Menschenführung. Dies zeigt ihre Bewertung des Führungsverhaltens von Vorgesetzten. Die Einzelmerkmale ihrer Beurteilung beruhen auf zentralen Führungsgrundsätzen der Inneren Führung wie beispielsweise „Für seine/ihre Soldaten geht er/sie immer mit gutem Vorbild voran" oder „Schwierige Situationen durchsteht er/sie gemeinsam mit seinen/ihren Soldaten". Ihre bei manchen Einzelmerkmalen deutliche Kritik unterstreicht, dass sie ihre Erwartungen danach ausrichten und dass sie eine bessere Umsetzung dieser Grundsätze durch Vorgesetzte erwarten.[237] Sie scheinen die Innere Führung nicht zu kennen, gleichwohl haben sie konkrete Erwartungen, die voll mit deren Grundsätzen übereinstimmen.

Abschließend möchte ich noch zwei Tugenden ansprechen, die, so die befragten Soldaten, Vorgesetzte in ihrem Führungsverhalten optimieren sollten. Das sind die Tugenden der Selbstkritik und des Vorbildseins. Diese genießen nicht nur in der Gesellschaft, sondern auch in den Streitkräften hohen Stellenwert. Die Innere Führung steht hier in einer langen (Militär-) Tradition, die das selbstkritische Vorbildsein in den Mittelpunkt des Führungsgeschehens stellt. Die Ergebnisse der Studie unterstreichen, wie wichtig es ist, diese Tradition deutlicher herauszustellen und deren Umsetzung zu verbessern.

Damit steht die allzu häufig vertretene Auffassung, es komme (nur) darauf an, ,die Innere Führung vorzuleben', auf tönernen Füßen. Sie ist falsch und hat überaus negative Wirkungen: Sie immunisiert die häufig vertretene These, dass Vorgesetzte richtiges Führungsverhalten sozusagen mit der Muttermilch aufsaugen, vor (Selbst-)Kritik. Und sie schützt die Ignoranten und Verächter der Inneren Führung

---

[237] Dörfler-Dierken, Kramer, Innere Führung in Zahlen, S. 43-52.

vor der (Selbst-)Erkenntnis, dass sie sich mit ihr auch theoretisch beschäftigen müssen, um ihr praktisches Führungsverhalten zu verbessern.

Hinsichtlich der Menschenführung haben die Soldaten als Untergebene ein gutes Gefühl für die Innere Führung. Bezüglich der politischen Dimensionen ist dies weniger ausgeprägt, aber irgendwie dennoch vorhanden. Erneut zeigt sch hier eine pädagogische Aufgabe, der sich Vorgesetzte mit mehr Engagement widmen sollten. Dies verlangen auch die Soldatinnen und Soldaten. Denn Erziehung und Bildung tragen zu ihrer geistigen Widerstandskraft gegenüber Verführungen aller Art bei. Sie stärken ihre Haltung und ihr Zusammenstehen gegen rechts- und linkspopulistische Agitation. Insgesamt dienen sie der ‚kriegerischen Tugend' der gesamten Streitkräfte, und dies ist nicht zuletzt aufgrund der außen- und innenpolitischen Lage mit hybriden Bedrohungen unverzichtbar, um die Soldatinnen und Soldaten der Bundeswehr für ihre Aufgaben zu rüsten.

Geduld ist erforderlich, bis die Vermittlung der Inneren Führung besser gelingt. Dies liegt nicht nur an den geringen Kenntnissen und tief sitzenden Vorurteilen über Innere Führung, sondern vor allem daran, dass es nicht genügend Vorgesetzte gibt, die den reichen Gehalt der Inneren Führung kennen und ihn so mit Überzeugung vermitteln und vorleben können, dass ihre Untergebenen zur aktiven Auseinandersetzung damit angeregt werden oder sich daran ein Beispiel nehmen. Hinzu kommt, dass es auch in der öffentlichen Debatte Befürworter und Gegner der Inneren Führung gibt und daneben eine wahrscheinlich noch größere Gruppe, die sich überhaupt nichts darunter vorstellen kann oder dafür kein Interesse hat. Öffentliche Diskurse und Debatten führen also nicht zwangsläufig zu mehr Kenntnis und Akzeptanz der Inneren Führung, wenn es nicht gelingt, gleichzeitig besser darüber aufzuklären.

Was bedeutet dies für unsere Frage nach dem guten Soldaten? Der gute Soldat kennt und akzeptiert die Innere Führung in ihrer Gesamtheit, setzt sich mit ihr geistig auseinander, wendet ihre Grundsätze an, trägt zu ihrer Weiterentwicklung bei und lebt sie bewusst vor. Gute Vorgesetzte verstehen sich unabhängig von ihren fachspezifischen Rollen zunächst einmal als „Erzieher" ihrer Soldaten. Wer in das „Handbuch Innere Führung" aus dem Jahr 1957 schaut und dort liest, dass Innere Führung im wesentlichen Erziehung meint, erkennt, dass mit der Ablehnung des Erziehungsauftrags nicht nur die Innere Führung in Mitleidenschaft gezogen wurde, sondern auch die Wahrnehmung ihrer pädagogischen Verantwortung. Werden Vorgesetzte ihrer Rolle als Erzieher/Innere Führer nicht gerecht, sind negative Auswirkungen auf die Innere Führung genauso wie auf die Truppenführung, auf die Bildung des Soldaten und vor allem auch auf den inneren Zusammenhalt der Truppe und die demokratischen zivil-militärischen Beziehungen erwartbar.

3. Selbstzeugnisse

Armee im Aufbruch – Gesprächsangebote von Soldaten

Aus der erfreulich hohen Zahl an Veröffentlichungen über die Bundeswehr ragt ein Buch heraus, weil es eine hohe mediale Aufmerksamkeit in Tageszeitungen und sozialen Medien auf sich ziehen konnte. Dies ist der von Marcel Bohnert und Lukas J. Reitstetter im Jahre 2014 herausgegebene Sammelband „Armee im Aufbruch. Zur Gedankenwelt junger Offiziere in den Kampftruppen der Bundeswehr". Er beinhaltet Beiträge von jungen Offizieren sowie Offizieranwärterinnen und -anwärtern, die sich während ihres zivilberuflich ausgerichteten Studiums an den Universitäten der Bundeswehr in einem selbstorganisierten Projekt mit ihrem Soldatenberuf beschäftigt haben. Die insgesamt 17 Autoren haben keine systematische Analyse erstellt, sondern zahlreiche, nicht immer zusammenhängende Einzelaspekte ihres Berufs behandelt.[238]

Das Buch stieß zunächst auf Ablehnung. Aufgrund der massiven Kritik, die einige Autoren mit Begriffen wie dekadent, hedonistisch, egoistisch und arrogant an der Zivilgesellschaft übten, sah der Journalist Gerald Wagner darin eine „… militärische Selbstvergewisserung als Abgrenzung von der Gesellschaft…", die so weit gehe, dass man sich „… im Grunde zu schade…" sei.[239] Manche Angehörige der Bundeswehr oder Reservisten ließen sich sogar zu abschätzigen Kommentaren hinreißen. Einige rieten einem der Autoren, die Bundeswehr zu verlassen. Dass von linkspazifistischer Seite das Buch in die rechte Ecke gestellt wurde, war nicht überraschend. Es dauerte zwei Jahre, bis, so resümiert einer der Herausgeber, eine differenzierte Beurteilung des Sammelbandes stattfand.[240]

Trotz seiner insgesamt kritischen Analyse sah Gerald Wagner von Anfang an die positive Seite von ‚Armee im Aufbruch' darin, dass die jungen Autoren eine bundeswehrinterne Debatte initiiert und ans Licht der Öffentlichkeit gebracht haben. Später stellte er dann ernüchternd fest, dass diese durch die politische Leitung und militäri-

---

[238] Marcel Bohnert, Lukas J. Reitstetter, Armee im Aufbruch. Zur Gedankenwelt junger Offiziere in den Kampftruppen der Bundeswehr, Berlin 2014.
[239] Gerald Wagner, Keiner weiß, wie der Landser tickt. In: FAZ vom 26.02.2015.
[240] Siehe Marcel Bohnert, Armee im Aufbruch: Zum anhaltenden Diskurs um das Buch der ‚Leutnante 2014'. In: Uwe Hartmann, Claus von Rosen, Jahrbuch Innere Führung 2016. Innere Führung als kritische Instanz, Berlin 2016, S. 238-260.

sche Führung im Keim erstickt wurde.[241] Es sei an dieser Stelle noch einmal darauf hingewiesen, dass die Unterdrückung oder Ignorierung von Debatten einem Bruch mit der Geschichte der Bundeswehr sowie ihrer Tradition gleichkommt.

Im Mittelpunkt der öffentlichen und bundeswehrinternen Kritik stand der Beitrag von Jan-Philipp Birkhoff. Er setzte sich mit der Rolle des militärischen Führers in einer postheroischen Gesellschaft auseinander.[242] Dass er dabei wie andere Autoren auch die Bedeutung des Kampfes herausstellte, ist nicht verwunderlich. Empirische Untersuchungen hatten schon vor einigen Jahren festgestellt, dass die Auslandseinsätze und insbesondere die Gefechtserfahrungen signifikante Auswirkungen auf das berufliche Selbstverständnis haben würden.[243] Der Leser mag die im Sammelband dargelegte Gedankenwelt besser verstehen, wenn er sich in Erinnerung ruft, dass die jungen Autoren sich alle in einer Phase für den Dienst in der Bundeswehr beworben hatten, als der Einsatz in Afghanistan ab 2008 von einem Stabilisierungs- in einen Kampfeinsatz mit kriegsähnlichen Formen umkippte. Dass sie sich Gedanken darüber machten, ob sie selbst den Anforderungen eines Einsatzes genügen würden und wie sie am besten mit der poli-

---

[241] Gerald Wagner, Das Land kennt seine Soldaten nicht. In: FAZ vom 18.05.2017.
[242] Jan-Philipp Birkhoff, Führen trotz Auftrag. Zur Rolle des militärischen Führers in der postheroischen Gesellschaft. In: Bohnert, Reitstetter (Hrsg.), Armee im Aufbruch, S. 105-128.
[243] Anja Seiffert, „Generation Einsatz" – Einsatzrealitäten, Selbstverständnis und Organisation. In: Anja Seiffert, Phil C. Langer, Carsten Pietsch (Hrsg.), Der Einsatz der Bundeswehr in Afghanistan, Wiesbaden 2012, S. 79-99. Siehe auch Thorsten Loch, Martin Mayer, „Generation Einsatz" und die Frage des Leitbilds: Probleme nationaler Militärtradition. In: Birk/Heinemann/Lange (Hrsg.), Tradition für die Bundeswehr, S. 66.

tischen Kultur in Deutschland umgehen, ist überaus klug und verantwortungsbewusst.

Was Kritiker als Frontalangriff auf Politik und Gesellschaft interpretierten, könnte auch als Versuch einer ernsthaften Analyse der Wirksamkeit von Innerer Führung verstanden werden. Birkhoff fragte letztlich, ob die politischen und gesellschaftlichen Voraussetzungen gegeben sind, damit Innere Führung überhaupt wie in der Vorschrift dargelegt wirken kann. Diese Frage wurde schon in der Aufbauphase der Bundeswehr gestellt, und sie ist auch heute noch relevant.[244]

Bei der Beantwortung seiner Kernfrage greift Birkhoff auf Analysen zurück, die zeigen, warum postheroische Gesellschaften Probleme mit der Anerkennung soldatischer Leistungen in Kampfeinsätzen haben. Dass er sie negativ beantwortet, bedeutet nicht automatisch, dass er von vornherein gegen die Innere Führung eingestellt war und immer noch ist. Schon gar nicht bedeutet dies, dass der Autor rechtsradikale oder sogar extremistische Einstellungen hat. Er nimmt vielmehr die verlautbarte Innere Führung ernst, sieht allerdings die gesellschaftlichen Rahmenbedingungen für ihre erfolgreiche Umsetzung gegenwärtig als nicht gegeben an.

Insgesamt deckt „Armee im Aufbruch" zahlreiche Brüche, Widersprüche und Defizite in den demokratischen zivil-militärischen Beziehungen in Deutschland, in seiner politischen Kultur sowie in der Führungskultur in der Bundeswehr auf. Besonders problematisch erscheint mir der Umgang untereinander. Die inhaltliche Auseinandersetzung wird schnell emotionalisiert, man spricht mehr über- als

---

[244] Siehe Uwe Hartmann, Claus von Rosen, Einleitung. In: Jahrbuch Innere Führung 2012 – Der Soldatenberuf im Spagat zwischen gesellschaftlicher Integration und sui generis-Ansprüchen. Gedanken zur Weiterentwicklung der Inneren Führung, Berlin 2012, S. 11-12.

miteinander[245], und über allem schwebt die Faschismuskeule oder der Vorwurf, rechts zu sein, mit der Andersdenkende eingeschüchtert werden. Wenn dann in der bundeswehrinternen Debatte mit den jungen Offizieren auch noch der Kommunikationskiller „Das ist dann nicht mehr meine Armee, in die ich eingetreten bin" fällt, dann unterstreicht dies, dass ältere Vorgesetzte in der Bundeswehr durchaus Schwierigkeiten damit haben, den normalen Konflikt zwischen den Soldatengenerationen auszuhalten und produktiv zu gestalten. Dies gereicht der Inneren Führung in Substanz und Akzeptanz zum Schaden. Denn die Führungsphilosophie der Bundeswehr forderte und förderte von Anfang an das Im-Gespräch-Bleiben der Soldaten untereinander sowie mit Politik und Gesellschaft.

Worin liegen mögliche Ursachen dafür? Auf die von unteren Dienstgraden bemängelte Unfähigkeit von Vorgesetzten zur Selbstkritik habe ich schon im Abschnitt zuvor hingewiesen. Dass die Kenntnis der Funktion von Innerer Führung und Traditionspflege, Spannungen zwischen Soldatengenerationen aufzuheben, gering ist, verwundert auch nicht. Da hilft es dann auch wenig, wenn immer wieder mantraartig gefordert wird, Innere Führung müsse vorgelebt werden. Wenn der Sinn von Innerer Führung und Tradition verlorengegangen ist, läuft diese Forderung ins Leere. Mancher Vertreter der Inneren Führung mag sie auch als eine Art Hypermoral missverstehen, mit der er sein persönliches Selbstverständnis überhöht und mit Bildungsgehabe gegen Kritik immunisiert. Dies ist besonders

---

[245] Es dauerte bis zum Herbst 2015, bis ein Gespräch von Vertretern der Inneren Führung mit Autoren des Sammelbandes stattfand. Der Gesprächsfaden wurde zwar aufgenommen, ist aber schnell wieder abgerissen. Außer einem fehlerhaften Protokollentwurf ist davon nicht viel geblieben. Es soll namhafte Generale gegeben haben, die sich weigerten, das Gespräch mit den Autoren zu führen.

schlimm, wenn Hypermoral und toxic leadership[246] eine unheilige Allianz nach dem Motto „Innere Führung, c'est moi" eingehen.

Meine Kritik an der Kritik des Sammelbandes soll nicht verhehlen, dass es berechtigte Einwände gibt. Insbesondere die von Gerald Wagner früh monierte Selbstvergewisserung in Abgrenzung zur Gesellschaft ist ein gefährlicher Grat, der, wie bereits dargestellt, Streitkräfte zu einem Spielball innenpolitischer Auseinandersetzungen machen und ihren inneren Zusammenhalt sowie ihre Integration in Politik und Gesellschaft gefährden kann. Vor den Gefahren, die links und rechts und am Ende dieses Weges lauern, warnen insbesondere US-amerikanische Gelehrte. Gleichzeitig weisen sie auch darauf hin, dass Politik und Gesellschaft einen Beitrag gegen die Verlockungen heroischer Gemeinschaften leisten müssen. [247]

Ich möchte jedoch an dieser Stelle betonen, dass die Autoren von ‚Armee im Aufbruch' sich explizit als ‚Staatsbürger in Uniform' verstehen und daher den Dialog mit Politik und Gesellschaft suchen. Sie stellen ihr Selbstverständnis dar, unterstreichen jedoch deutlich ihre Bereitschaft, sich in der geistigen Auseinandersetzung belehren zu lassen. Um einen möglichst breiten Dialog zu etablieren, nutzen sie soziale Medien und genauso intensiv traditionelle Foren wie beispielsweise Diskussionsveranstaltungen. Dass sie sich davon trotz teilweise sehr persönlicher Kritik nicht abbringen lassen, verdeutlicht einmal mehr, wie fest ihr Selbstverständnis als ‚Staatsbürger in Uniform' ausgeprägt ist. Der beste Weg, Separierungen und Sonderwege zu verhindern, besteht darin, im Gespräch zu bleiben.

---

[246] Siehe hierzu den Beitrag von Reinhold Janke, Toxic leaders – auch in der Bundeswehr? In: Uwe Hartmann, Claus von Rosen (Hrsg.), Jahrbuch Innere Führung 2017, Berlin 2017, S. 189-207.
[247] Abenheim/Halladay, Soldiers, War, Knowledge and Citizenship, S. 248, 288.

‚Armee im Aufbruch' ist weniger ein Angriff auf die Gesellschaft, um eine heroische Gemeinschaft und damit eine neue Subkultur in der Bundeswehr zu begründen. Sie ist vielmehr ein Versuch, engagiert und mit Argumenten den Dialog mit Politik und Gesellschaft zu suchen, auch um eigene Interessen wie beispielsweise mehr Verständnis und Anerkennung für den Soldatenberuf zu vertreten. Das sind die Wege in der Demokratie, die auch den Soldaten als ‚Staatsbürger in Uniform' offenstehen. Auch wenn man manche Argumente nicht überzeugend finden sollte, der Ansatz des Buches ist im besten Sinne das, was einen guten Soldaten in der Demokratie ausmacht: aus Verantwortung für seinen Beruf das Gespräch mit Politik und Gesellschaft zu suchen und so eine Brücke zu bauen, auf der Verständnis füreinander wächst.

In der Debatte über dieses Buch ist allerdings ein wesentlicher Aspekt kaum beachtet worden. Gleich mehrere Autoren beschäftigen sich kritisch mit ihrem Ausbildungsgang zum Offizier. Im Sinne einer gedanklichen Vorwegnahme ihres künftigen Einsatzes nehmen sie das breite und hohe Anforderungsprofil an den jungen Offizier ernst und fragen sich selbstkritisch, ob sie für die Wahrnehmung dieser Verantwortung richtig ausgebildet werden.

Im Mittelpunkt der Kritik an der Ausbildung zum Offizier steht das Studium an den Universitäten der Bundeswehr. Tatsächlich ist es so, dass mehr als die Hälfte der Ausbildungszeit junger Offiziere für das Master-Studium verwendet wird, das auf die zivilen Berufe eines Ingenieurs, Kaufmanns oder Pädagogen usw. vorbereitet. Diese Kritik, die vor allem aus den Kampftruppen der Bundeswehr kommt, sollte nicht einfach beiseite gewischt werden. Schon gar nicht mit dem Argument, dass die Autoren kaum über Erfahrungen in den Einsätzen verfügten. Denn wenn, wie es alle offiziellen sicherheitspolitischen Verlautbarungen feststellen, die Komplexität der Herausforderungen im Vergleich zum Kalten Krieg zugenommen hat, stellt sich doch die Frage, ob die Ausbildungsinhalte den Anforderungen noch genügen oder angepasst werden müssen. Und wenn hohe Vorgesetzte nicht an öffentlichen Debatten teilnehmen und in Workshops und Gesprächen sogar mit ihrer wissenschaftlichen Ignoranz über ihren eigenen Beruf kokettieren, zeugt das nicht auch davon, dass die wissenschaftliche Ausbildung von Offizieren sich stärker auf ihren Beruf als Offizier konzentrieren sollte? Dass es in der Vermittlung, Weiterentwicklung und Umsetzung der Inneren Führung und ihres Traditionsverständnisses Schwierigkeiten gibt, hat doch auch etwas mit dem Bildungsgang für Offiziere zu tun.

Der gebildete Offizier ist ein wesentliches Element deutscher sowie europäischer Militärtradition, das auch von der Bundeswehr so übernommen wurde. Daneben gab es immer auch eine gewisse Wissenschaftsfeindlichkeit, in neuerer Zeit insbesondere gegenüber den kritischen Sozialwissenschaften.[248] Deren Wirksamkeit ist so auffällig und dabei so unzeitgemäß, dass die Bundesministerin der Verteidigung erst kürzlich während einer Rede an der Führungsakademie der Bundeswehr ein „Ende des bewussten Zelebrierens von Anti-Intellektualität"[249] forderte. Die Ignoranz geht so weit, dass manche Stabsarbeit in den Streitkräften mehr von persönlichen Erfahrungen als von der Analyse vorliegender wissenschaftlicher Erkenntnisse geprägt ist.

---

[248] Dies hatte schon der Pädagoge Erich Weniger bei seinem Eintritt in die Wehrmacht in seinem Buch „Wehrmachtserziehung und Kriegserfahrung" (Berlin 1938) kritisiert. Zur Wissenschaftsfeindlichkeit siehe auch Ekkehart Lippert, Wolfgang R. Vogt, Die Bundeswehr als Instanz der politischen Sozialisation. In: FüAkBw, Fachgruppe Sozialwissenschaften. Beiträge zur Lehre und Forschung 7/1990, Hamburg 1990.
[249] Rede der Bundesministerin der Verteidigung, Ursula von der Leyen, am 3. November 2016 an der Führungsakademie der Bundeswehr in Hamburg (persönliche Mitschrift des Verfassers).

Nun sollte man Kritik am Ausbildungsgang von Offizieren weder ausschließlich am Studium festmachen noch den Kampf zum alleinigen Maßstab erheben. Die Aufgaben des Soldaten sind wesentlich komplexer, und viele militärische Unterstützungsleistungen sind erforderlich, um Kampf überhaupt erst möglich oder unnötig zu machen.[250] Der Blick sollte auch ausgeweitet werden auf das, was nach dem formalen Ausbildungsgang für Offiziere noch an Weiterbildung in der Bundeswehr vorgesehen ist, ob und wie diese umgesetzt wird, und wie Effekte von Bildungsmaßnahmen an Strukturen und Kulturen in der Bundeswehr abprallen. Auch wie umfassend ausgebildete Soldaten verwendet werden und welche Möglichkeiten diese haben, Bildung in der Bundeswehr zu beeinflussen, sollte berücksichtigt werden. Vor dem Hintergrund neuer Dienstzeitregelungen, die mehr Freizeit für den Soldaten bedeuten, stellt sich auch die Frage, wie diese motiviert werden können, sich in ihrer Freizeit mit militärisch relevanten Bildungsinhalten zu beschäftigen. Nicht alles, was ein Soldat wissen und können sollte, muss über Lehrgänge oder sonstige organisierte Weiterbildungen vermittelt werden.

Es gibt also zahlreiche Stellschrauben, an denen gedreht werden kann. An dieser Stelle möchte ich einen Vorschlag unterbreiten, den ich bereits öffentlich präsentiert und auch bundeswehrintern erläutert habe. Dies ist die Einführung eines militärwissenschaftlichen Studiums für ausgewählte Offizieranwärterinnen und -anwärter, vor allem Berufsoffizieranwärter. Ein solches Studium hätte gleich mehrere Vorteile. Er bereitete nicht nur Offiziere auf ihre künftigen Aufgaben auf den verschiedenen Führungsebenen besser vor; es würde auch den Dialog über militärische

---

[250] Einen Eindruck über Tätigkeiten von Soldaten in Auslandseinsätzen, die über das Kämpfen hinausgehen, gleichwohl damit immer in einem Zusammenbad stehen, liefert der Sammelband Lernen von Afghanistan, herausgegeben von Uwe Hartmann, Berlin 2016.

Fragen innerhalb und außerhalb der Streitkräfte forcieren. Gleichzeitig würden mehr Publikationen zu militärwissenschaftlichen Themen entstehen, an denen sich auch Offiziere mit ihren Arbeiten beteiligten könnten. Die USA und Großbritannien, die früher oftmals auf deutsche Vorbilder zurückgriffen, sind hierfür gute Beispiele. Auch der Blick in die deutsche Militärgeschichte zeigt, dass es beispielsweise im kaiserlichen Heer kontroverse Debatten gab und diese auch in den zahlreichen Militärfachzeitschriften veröffentlicht wurden.[251] Damit wäre ein Keim gesetzt, der wachsen und die gesamte Bundeswehr beeinflussen würde.

Dies hätte auch positive Auswirkungen auf Kenntnisse, Verständnis und Akzeptanz der Inneren Führung. Denn die Innere Führung ist eine komplexe Konzeption, die nicht in Einzelteile filetiert in wenigen Stunden vermittelt werden kann. Auch das Traditionsverständnis würde davon profitieren. Die Historiker der Bundeswehr benötigen klar formulierte Forderungen und ggf. auch Impulse für ihre Prüfung, was aus der gesamten deutschen Militärgeschichte traditionswürdig ist. Wenn Felix Schuck und Thorben Mayer in dem Buch „Armee im Aufbruch" die Kriegführung des kaiserlichen Heeres im Ersten Weltkrieg analysieren, dabei vor allem auf Quellen aus dem englischsprachigen Raum zurückgreifen und sich kritisch fragen, warum dies in Deutschland bzw. der Bundeswehr nicht diskutiert wird, so ist dies weniger eine Kritik an der Traditionspflege als vielmehr an der historischen Bildung und wohl auch an der militärgeschichtlichen Forschung. Klar scheint zu sein: Gute historische Bildung als militärfachliche Auseinandersetzung mit Taktik, Operationsführung und Strategie im Ersten und Zweiten Weltkrieg würde verhindern, dass Soldaten der Bundeswehr Personen und Ereignisse aus dieser Zeit unkritisch in ihr Traditionsver-

---

[251] Siehe Assmann, Subordination und Selbständigkeit.

ständnis aufnehmen. Deren Sehnsucht nach Helden wie auch ihre Verführung durch eine unreflektierte Glorifizierung nehmen ab, wenn sie sich historisch-professionell mit den Kriegen in der deutschen Geschichte beschäftigen.

Für die Frage nach dem guten Soldaten stellt sich damit ein Problem. Wäre der gute Soldat nur der militärwissenschaftlich gebildete? Würde ein derartiges Studium eine neue Elite innerhalb des Offizierkorps begründen? Wären Kultusministerien und die Universitäten der Bundeswehr überhaupt bereit, einen solchen Studiengang zu entwickeln und anzubieten? Bestünde seitens des BMVg überhaupt das Interesse, Bildungsinhalte als Bedarfsträgerforderungen einzubringen? Das alles wären eigentlich nachgeordnete Fragen, wenn Einigkeit darin bestünde, dass der Offizier sich für seinen Beruf vor allem geistes- und sozialwissenschaftlich bilden müsste.

Der gebildete Offizier ist jedenfalls mehr als der für einen späteren zivilen Beruf akademisch ausgebildete Offizier. Es reicht nicht aus, zu einem beliebigen zivilberuflichen Studium die militärfachliche Ausbildung zum Kampf hinzuzufügen. Wichtig ist es, dass zu dem gebildeten Offizier immer auch dessen Fähigkeit gehört, den Krieg in seiner Verschiedenheit zu verstehen. Das schließt das Mitdenken auf der politischen, strategischen und operativen Ebene ein. Erneut möchte ich darauf hinweisen, dass diese Forderung auch mit der Realität der Einsätze begründet werden kann. In einem Artikel des ZEIT-Magazins, der auf einer mehrmonatigen Begleitung der Soldaten eines Fallschirmjägerzuges vor, während und nach dem Einsatz in Afghanistan beruhte, stellte die Autorin die Spannungen zwischen dem jungen studierten Zugführeroffizier und seinem einsatzerfahrenen Stellvertreter im Dienstgrad eines Portepeeunteroffiziers dar.[252] Am Ende des Einsatzes hatte der Offizier resigniert. Er scheiterte, weil er nicht verstanden hatte, dass sein Mehrwert als Offizier für seine Soldaten nicht darin bestand, handwerklich ein besserer Unteroffizier zu sein (was kaum möglich gewesen wäre). Er ist vielmehr ein Vermittler, der ihnen den Zweck von Aufträgen erläutert, mit ihnen die Wirkungen ihres taktischen Handelns bespricht und sich für ihre Belange bei höheren Vorgesetzten einsetzt. Er hatte also weder seine Rolle noch den strategischen Informationsbedarf seiner Soldaten erkannt. Grundsätzlich gilt für Frieden wie für Krieg: Gerade der Offizier ist Vermittler: zwischen Vorgesetzten, seinen Soldatinnen und Soldaten sowie den zivilen Mitarbeitern in seinem Verantwortungsbereich, und auch zu Politik und Gesellschaft. Wegen dieser überaus wichtigen Vermittlungsaufgabe ist das Bild des guten Soldaten, wie es von Machiavelli oder Platon beschrieben wurde, heute völlig abwegig. Beide Denker haben für die intellektuelle Leistung, die Kriege und Einsätze vor allem vom Offizier abverlangen, nichts zu bieten.

Wie zeichnen die Soldaten ihr Bild von sich selbst? Innerhalb der kleinen Autorengruppe von „Armee im Aufbruch" gibt es durchaus Unterschiede. Das Buch als solches ist indessen ein deutlicher Beleg, dass die Soldaten eine Brücke zur Gesellschaft benötigen und selbst einen Beitrag für deren Pflege leisten wollen. Das eint alle Beiträge, auch die überaus gesellschaftskritischen. Der Dialog dient dem Ziel, Gesprächspartner zu belehren und selbst belehrt zu werden. Wer die Autoren einmal auf Diskussionsveranstaltungen erlebt hat, weiß, dass es ihnen um partnerschaftliche Gespräche geht. Vorurteile oder Überheblichkeit sind bei ihnen auch nicht ansatzweise zu finden. Der Sammelband und der daraus erwachsene Diskus-

---

[252] Die Reportage von Herlinde Koelbl ist bei Zeit Online unter www.zeit.de72011/49/afghanistan-Soldat-foerster/komplettansch.

sionsprozess sind wichtige Belege für die Einsicht in die Notwendigkeit, das Selbstverständnis des Soldaten im Dialog mit anderen Soldaten sowie der Öffentlichkeit immer wieder neu zu bestimmen.

Erlebnisberichte aus den Einsätzen – Innere Führung im Krieg
Ich konzentriere mich nun auf die Berichte, die Soldatinnen und Soldaten über ihre Einsätze geschrieben haben. Aus diesen möchte ich herausfiltern, welche Tugenden sie von sich und ihren Kameraden (einschließlich der Vorgesetzten) erwarten. Mittlerweile liegen zahlreiche Publikationen vor. In mehreren Sammelbänden berichten Soldaten unterschiedlicher Dienstgrade vom Mannschaftssoldaten bis zum General über ihre Erfahrungen und Erlebnisse.[253] Daneben gibt es einige Monographien.[254] Das erfolgreichste Buch stammt aus der Feder von Johannes Clair, einem Mannschaftssoldaten, der sich für vier Jahre verpflichtet hatte und als Fallschirmjäger 2010 in Afghanistan im Einsatz war. Dieses Buch schaffte es auf die Spiegel-Bestsellerliste.[255]

Allen gemeinsam ist die Darstellung der hohen körperlichen und psychischen Belastungen von Soldaten im Einsatz. Viele sprechen offen an, dass sie unter Erschöpfung

---

[253] Beispielhaft sei hier genannt: Joachim Hoppe, Sascha Brinkmann (Hrsg.), Generation Einsatz. Fallschirmjäger berichten ihre Erfahrungen aus Afghanistan, Berlin 2010. Siehe auch die Beiträge in dem Sammelband Luftwaffenoffizier 21. Das Selbstverständnis des Luftwaffenoffiziers zu Beginn des 21. Jahrhunderts, herausgegeben von Eberhard Birk und Peter Andreas Popp, Berlin 2016.

[254] Artur Schwitalla, Afghanistan, jetzt weiß ich erst… Gedanken aus meiner Zeit als Kommandeur des Provincial Reconstruction Team FEYSABAD, Berlin 2010; Rainer Buske, Kunduz. Ein Erlebnisbericht über einen militärischen Einsatz der Bundeswehr in Afghanistan im Jahre 2008, Berlin ²2015.

[255] Johannes Clair, Vier Tage im November. Mein Kampfeinsatz in Afghanistan, Berlin 2014.

litten und phasenweise nicht mehr voll einsatzfähig waren. Sie sind sich einig, dass das Waffenhandwerk beherrscht werden muss, dass es darum geht, kämpfen zu können und auch zu wollen, wenn es sein muss.[256] Dies ist auch eine unmittelbare Konsequenz der Kameradschaft. Jeder muss sich auf den anderen verlassen können. Alle betonen, dass sie häufig Glück hatten, dass Fehler immer passierten und von anderen schnell ausgebügelt werden mussten, damit keine schlimmeren Folgewirkungen auftraten.[257] Dies sind alles Aspekte, die zum guten Soldaten dazugehören.

Das Buch „Vier Tage im November" verdeutlicht eindrucksvoll, dass auch sog. „einfache Soldaten" „strategische Gefreite" sind. Nicht nur, weil sie in den neuen Kriegen dazu gemacht werden, indem die Weltöffentlichkeit ihre Fehler brandmarkt und so eine politische Reaktion erzwingt, sondern auch, weil ihr Denken und Handeln tatsächlich die strategische Ebene erreicht: Sie kämpfen nicht nur, sie diskutieren nicht nur kritisch taktische Maßnahmen, sondern sie wollen auch den Sinn ihres Einsatzes verstehen. So wünschte sich Johannes Clair mehr politische Bildung in der Einsatzvorbereitung. Er beschäftigte sich mit Fragen, die durch den Strategiewechsel in Afghanistan hin zur Counterinsurgency (COIN) unter General Stanley McChrystal ausgelöst wurden.[258] Hinzu kamen selbstkritische Fragen wie „Ich wollte verstehen, was all diese Gewalt in uns anrichtete"[259] und ob ‚mehr nachdenken' zu einem ‚sich mehr sorgen' führe, wodurch die Kampfkraft abnehme.[260] Seine Motivation changierte zwischen „die afghanische Bevölkerung schützen und ihre Lage verbessern", „Deutschland dienen", „für Kameraden

---

[256] Buske, Kunduz, S. 193.
[257] Buske, Kunduz, S. 194.
[258] Clair, Vier Tage im November, S. 15, 27, 198, 206, 297, 316, 398.
[259] Clair, Vier Tage im November, S. 207.
[260] Clair, Vier Tage im November, S. 343.

kämpfen" oder „Taliban für getötete deutsche Soldaten bestrafen". Die Suche nach Antworten auf die Sinnfrage resultierte in besonders scharfer Kritik an Politikern, welche die Einsatzrealität verdrängten und die deutsche Bevölkerung nicht aufklärten. Dies hätte wiederum zur Folge, dass die deutschen Bürger ihre Soldaten und deren Dienst im Einsatz nicht wertschätzten. Allerdings haben Soldaten wie beispielsweise Johannes Clair Schwierigkeiten, ihre Kritik an höhere Vorgesetzte und Politiker heranzutragen. Soldaten mit niedrigem Dienstgrad haben zwar kaum Gelegenheiten, ihre Sicht der Dinge mit Politikern zu diskutieren. Wenn sie diese dann doch treffen, dann wollen sie lieber Selfies machen. So nahm Johannes Clair Bundeskanzlerin Merkel für ein Foto in den Arm. Strategische Gefreite stellen die richtigen Fragen, es fehlt ihnen jedoch noch das Bewusstsein oder der Bürgermut, diese nach oben zu transportieren.[261]

Wenn die Tugend der Klugheit auf ihrer Suche nach Sinn nicht fündig wird, treten Ersatztugenden in den Vordergrund wie beispielsweise die Kameradschaft. Sein Leben für Kameraden einsetzen als höchste Motivation ist dann eigentlich das Ergebnis von partieller Sinn-Resignation.

Johannes Clair ist ein kritisch denkender, gebildeter Soldat, der die Frage stellt, ob Soldaten auch Wertschätzung erfahren können, wenn sie im Auslandseinsatz Gewalt ausüben. Diese Frage ist die verweltlichte Version von Luthers Frage, ob Kriegsleute auch in seligem Stande sein können. Dieser Zusammenhang von Sinn-Resignation und Wunsch nach Wertschätzung unterstreicht, dass die Kleine Kampfgemeinschaft, die bei Fallschirmjägern besonders ausgeprägt und belastbar ist, sich angesichts der Gewalterfahrung selbst nicht genug ist. Dies gilt für die Phase des Einsatzes und wahrscheinlich noch stärker für die Zeit danach.

---

[261] Siehe dazu Beckmann, Treue.Bürgermut.Ungehorsam.

Soldaten sind also strategische Gefreite, die die Zusammenhänge von Krieg in der wunderlichen Dreifaltigkeit von Politik, Gesellschaft und Militär verstehen wollen und auf Sekundärtugenden zurückfallen, wenn die Tugend der Klugheit keine Antworten bietet.

Nicht alle Soldaten denken so wie Johannes Clair. „Wir sind hier, um Ärsche zu treten", ist eine Motivation, die sich ein Kamerad von Johannes Clair auf den Helm geschrieben hat. Auch das ist Teil der Einsatzrealität.

Der Rekurs auf Kameradschaft ist auch bei Oberst a.D. Rainer Buske der letzte Ausweg aus einer Sinnkrise. Hier haben wir den Fall eines Kommandeurs in Kunduz im Jahre 2008, dem es an vielem fehlt: an Informationen über die Mächtigen und Bösen im Land; an einer für die Soldaten verständlichen politischen Legitimation des Auftrags; an Material und vor allem an Personal, um seinen Auftrag zu erfüllen; an Unterstützung durch Mitarbeiter in den Ministerien und Kommandos, die er vor allem als besserwissende Lakaien[262] erlebt. Angesichts der offensichtlichen und auf dem Dienstweg gemeldeten Verschlechterung der militärischen Lage wirft er der Politik eine Vogel-Strauß-Taktik[263] vor. Wenn reagiert wurde, dann sprang man zu kurz: „Anstatt zu klotzen wurde gekleckert. Deutsche Soldaten haben das mit dem Leben bezahlt."[264] Gerade weil er sich über die politische Wirkung des militärischen Handelns im Klaren ist, denkt er politisch mit, tritt couragiert auf und „spricht Klartext" – sei es gegenüber den Politikern, die das Feldlager besuchten oder dem Ministerium sowie den Vorgesetzten vor Ort. Er leidet darunter, dass er den Soldaten auf ihre Frage, wofür sie in Afghanistan kämpften, keine befriedigende Antwort geben kann. Zu groß seien die Widersprüche zwischen der Realität des

---

[262] Buske, Kunduz, S. 180.
[263] Buske, Kunduz, S. 62, 141.
[264] Buske, Kunduz, S. 42.

Einsatzes und der politischen Rhetorik. In seinen kritischen Nachfragen ist er überaus zivilcouragiert und weist Politiker und Vorgesetzte auf Defizite hin. Im Nachdenken über seinen Einsatz in Kunduz findet er Sinn letztlich nur in der Verantwortung des Vorgesetzten für seine Soldaten und in der Kameradschaft. „Mein Einsatz hat sich gelohnt, weil ich für diese hervorragenden Männer und Frauen zur richtigen Zeit dort sein konnte, wo sie mich brauchten. Darauf bin ich stolz und zugleich auch überaus dankbar. Leider habe ich es nicht vermocht, auch Patrick Behlke und Roman Schmidt gesund und lebend nach Hause zu bringen. Ich bin mir aber sicher, dass sie mir zuschauen und verstehen, wenn ich sage, dass ich genauso stolz auf sie bin wie über jeden einzelnen Mann und jede einzelne Frau unter meinem Kommando in Kunduz."[265]

Die Darstellung der Einsatzwirklichkeit in Kunduz durch einen verantwortlichen Kommandeur bestätigt, dass Fragen nach dem Sinn vor allem dann auftreten, wenn ein grundsätzlich für sinnvoll erachteter Auftrag (sonst wäre er wohl nicht bereit gewesen, in den Einsatz zu gehen) aufgrund fehlender Ressourcen oder mangelnder politischer Rückendeckung nicht umgesetzt werden kann. Rainer Buske, der als Vorgesetzter Sinn vermitteln möchte, stellt den Sinn des Ganzen in Frage – weil er die Bevölkerung im Einsatzgebiet nicht schützen konnte, da eigene Kräfte vor allem dem Selbstschutz dienen mussten, und weil seine Soldaten starben, da ihm insgesamt zu wenig militärische Fähigkeiten zur Verfügung standen.

Politik und Strategie spielen also eine große Rolle im Denken und Handeln von Soldaten – im Einsatz und noch belastender in der Rückschau. Je höher der Dienstgrad,

---

[265] Buske, Kunduz, S. 215.

desto stärker bedrängen diese Fragen.²⁶⁶ Aber auch bei den Soldaten im Mannschaftsdienstgrad sind sie vorhanden.

Nun möchte ich auf eine Frage eingehen, die für die Relevanz der Inneren Führung ganz entscheidend ist: Wenn Politik und Strategie im militärischen Denken und Handeln aller Soldaten eine Rolle spielen, welche Bedeutung hat dann der Frieden als Grundwert und oberste politische Zwecksetzung?

Soldaten im Einsatz wollen, dass der Krieg ein Ende findet. In den neuen Kriegen, in denen Gegner nicht in Uniformen ihres Staates auftreten, sondern sich unerkannt unter die Bevölkerung mischen, ist ein Zerschlagen von einzelnen Verbänden oder ganzen Streitkräften nicht möglich. Daher schauen die Soldaten auf die beiden übrigen Faktoren der wunderlichen Dreifaltigkeit, auf die Politik und die Gesellschaft in dem Einsatzland. Fortschritte in guter Regierungsführung und in der wirtschaftlichen Entwicklung zeigen an, dass der Einsatz sich lohnt und irgendwann erfolgreich beendet werden kann.

Dafür sind die Soldaten auch bereit, Gewalt einzusetzen. Sie leiden daran, dass man den politisch richtigen und ethisch legitimierten Auftrag nicht richtig ausführen kann, dass sie also erlaubte und notwendige Gewalt nicht einsetzen dürfen, um die vorgegebenen politischen Ziele, die für sie den Sinn des Einsatzes ausmachen, zu erreichen. Luther bezeichnete diese Aufgaben des Soldaten als ‚das Böse bestrafen' und ‚Gerechte beschützen'. Diese Vorstellung steckt auch noch heute in den Köpfen der Soldaten. Rainer Buske verzweifelte schier daran, dass er seine Kräfte zur Eigensicherung nutzen musste und keine weiteren für den eigentlichen Auftrag, den Schutz der Bevölkerung, einset-

---

²⁶⁶ Dies korreliert mit Wissen und Akzeptanz der Inneren Führung, die auch mit dem Dienstgrad steigen. Siehe dazu hier den Abschnitt über Innere Führung in Zahlen.

zen konnte. Johannes Clair erkannte das Dilemma, dass Soldaten nach Deutschland zurückkehren, wo der Einsatz von Gewalt nicht akzeptiert geschweige denn gewürdigt wird. Ambiguitätstoleranz[267] und feste ethisch-religiöse Überzeugungen könnten Soldaten dabei helfen, mit diesen Dilemmata umzugehen. Es bleibt jedoch ein Leiden am Krieg, der scheinbar nicht enden will, und auch am Frieden, der nicht richtig und nachhaltig gemacht werden kann. Diese gefühlte Ausweglosigkeit kann dazu beitragen, dass der Referenzrahmen des Krieges überhand gewinnt im politischen und militärischen Denken von Soldaten.

Der Frieden muss bereits im Krieg vorbereitet werden – nicht nur durch die Politik, sondern auch durch das Militär. Je länger ein Krieg dauert, desto schwieriger dürfte dies sein.

In Afghanistan gab es eine mutige politische Initiative des afghanischen Präsidenten Karsai, die dieser zu Beginn seiner zweiten Amtsperiode im Jahr 2009 bekanntgab. Sicherheitspolitisch stand damals die US-amerikanische Entscheidung über die Verstärkung der militärischen und zivilen Kräfte in Afghanistan im Vordergrund. Daher erregte die Ankündigung der afghanischen Regierung, Aufständischen eine Rückkehr in die Gesellschaft zu ermöglichen, wenig Aufmerksamkeit. Das „Afghan Peace and Reconciliation Program" (APRP) ermutigte Aufständische, ihre Waffen niederzulegen, die Seiten zu wechseln und dem afghanischen Staat Treue zu schwören. Gleichzeitig setzte die Regierung einen landesweiten Versöhnungspro-

---

[267] Ambiguitätstoleranz meint die Fähigkeit, mit Ungewissheit und Zweideutigkeiten umzugehen. Nicole Schilling, Die Rolle des Militärs in komplexen Friedensmissionen – Ambiguitätstoleranz als Schlüsselqualifikation des Soldaten, um in diesem Umfeld zu bestehen. In: Uwe Hartmann, Claus von Rosen, Christian Walther (Hrsg.), Jahrbuch Innere Führung 2011. Ethik als geistige Rüstung für Soldaten, Berlin 2011, S. 222-249.

zess in Gang, um die oftmals tiefliegenden Konfliktursachen zu beheben.

Seit dem Jahre 2010 wurden diese beiden Strategien zeitgleich umgesetzt: Die US-amerikanische, die darauf abzielte, die Taliban so weit zu schwächen, dass die afghanischen Sicherheitskräfte diese eigenständig bekämpfen konnten; und die afghanische, die Frieden und Versöhnung mit Aufständischen in den Mittelpunkt stellte.

Die afghanische Initiative stieß bei vielen westlichen Staaten zunächst auf große Skepsis. Kritisch wurde gefragt, ob eine soziale Eingliederung gelingen könnte, wenn alle Konfliktparteien den bewaffneten Kampf intensivierten. Umso erstaunlicher sind die bisher erzielten Erfolge: Ende 2013, also innerhalb von drei Jahren, hatten annähernd 8.000 Kämpfer der verschiedenen Insurgentengruppierungen das Angebot angenommen und ihren bewaffneten Kampf beendet.[268]

Wie sind die Soldaten der Bundeswehr damit umgegangen? Das Reintegrationsprogramm ist ein friedenspolitisches Projekt, dessen Umsetzung auf militärische Unterstützung angewiesen war. Die meisten Soldatinnen und Soldaten blieben allerdings weithin skeptisch. Viele waren davon überzeugt, dass die Aufständischen nur die Vergünstigungen einstreichen würden, um zum frühest möglichen Zeitpunkt zu den Aufständischen zurückzukehren. Allerdings gab es auch aktive Unterstützung. Der damalige Hauptmann Michael Andritzky schildert eine militärische Lage im Jahre 2010, in der es darum ging, reintegrierte ehemalige Aufständische, die mittlerweile ihre Dorfgemeinschaften beschützten, in einer fast ausweglos erscheinenden Lage zu unterstützen. Er schreibt: „Die Absicht des Fein-

---

[268] Siehe dazu Uwe Hartmann, War without Fighting? The Reintegration of former Combatants in Afghanistan seen through the Lens of strategic Thought, Berlin 2014.

des schien klar: Abschneiden der Reintegrees von der Unterstützung der ISAF-Kräfte, Abnutzung dieser ISAF-Kräfte im Bereich der Brücke bei Kotub sowie die Vernichtung aller Reintegrees, hier Schwerpunkt, um so das Reintegrationsprogramm im Bereich Baghlan im Keim zu zerstören." Andritzky hatte klar die friedenspolitisch-strategische Dimension des Reintegrationsprogramms erkannt. Aufständische bekämpften es mit aller Macht, weil es ihre Rekrutierungsbasis zerstörte. Deshalb kam es für Andritzky und seine Kräfte darauf an, die Reintegrees zu unterstützen. Andritzly schildert die Lageentwicklung wie folgt: „Obwohl die Aufständischen wohl nicht mit einer derart schnellen Überschreitung der gesprengten Brücke gerechnet hatten, verteidigte der Feind in diesen Stunden äußerst hartnäckig und wich nur zum Stellungswechsel aus seinen Stellungen. Nur langsam kamen wir, von Hinterhaltstellung zu Hinterhaltstellung kämpfend, voran. Am darauf folgenden Tag war der COP (Combat Outpost) wieder genommen und konnte einen weiteren Tag später erfolgreich gegen einen Angriff der Aufständischen verteidigt werden. Doch das Bild, das sich am COP bot, war an Grausamkeit nicht zu überbieten: Zerfetzte Leichen sowie teilweise hingerichtete Verwundete unserer APRP-Kameraden, einschließlich des Commander Sher, waren über das gesamte Gelände verteilt. Wieder hatten die APRP den größten Blutzoll zu zahlen – doch dem Großteil war es gelungen, auszuweichen. Diese waren unverändert dazu bereit, das Reintegrationsprogramm am Leben zu erhalten und den COP wieder zu besetzen."[269]

Das Reintegrationsprogramm war äußerst erfolgreich, vor allem im Norden und Westen Afghanistans. Es hatte im

---

[269] Michael G. Andritzky, 2./QRF 5 – Task Force Baghlan: Kämpfer, Vermittler und Aufbauhelfer. In: Hans-Christian Beck, Christian Singer (Hrsg.), Entscheiden Führen Verantworten. Soldatsein im 21. Jahrhundert, Berlin 2011, S. 225.

Gegensatz zu vielen rein militärischen Operationen nicht nur taktische, sondern auch eine signifikante strategische Wirkung. Auch die Bundesregierung hatte das Programm finanziell unterstützt, allerdings kaum darüber öffentlich berichtet. Es wäre angesichts unserer auf Recht und Gesetz beruhenden Kultur wohl nur schwer zu vermitteln gewesen, Aufständischen oder Terroristen mitten im Konflikt eine Amnestie zu geben. Auch für die Soldaten dürfte es schwer gewesen sein, die friedenspolitische Bedeutung des Reintegrationsprogramms zu erkennen und zu akzeptieren. Umso beeindruckender ist das Beispiel des damaligen Hauptmanns Andritzky.

Krieg ist gekennzeichnet durch Anwendung organisierter Gewalt, um einen Gegner niederzuringen. Menschlichkeit im Krieg ist gewissermaßen eine Brücke zum Frieden und zur Versöhnung ehemaliger Gegner. Sie erleichtert das Frieden-Machen. Auch hierzu gibt es in den Erfahrungsberichten von deutschen Soldaten beeindruckende Beispiele. So schildert der damalige Hauptfeldwebel Schulze folgendes Ereignis: „In einer Gefechtspause nach intensiven Kämpfen, in deren Verlauf wir dem Feind empfindliche Verluste zugefügt hatten, wurde durch die mit uns gemeinsam operierende afghanische Polizei (ANP) und dem Feind ein zeitlich begrenzter Waffenstillstand ausgehandelt. Dem Feind wurde Zeit gegeben, seine Toten und Verwundeten vom Gefechtsfeld zu bergen. Ich erinnere mich an die Empörung bei meinen Soldaten und auch zunächst bei mir. Unverständnis war die erste Reaktion. Nach einer kurzen Zeit der Besinnung wich dieses Unverständnis jedoch dem Gefühl der Menschlichkeit. Ich sprach mit meinen Gruppenführern, diese mit ihren Soldaten. Am Kopfnicken der Soldaten erkannte ich deren Verständnis. Doch die Toleranz meiner Soldaten und mir wurde an diesem Tag noch einmal auf die Probe gestellt. Ein Fahrzeug der feindlichen Kräfte passierte unsere eigenen Reihen. Es fuhr mitten durch unsere Stellungen. Das Fahrzeug war beladen mit schwer verwundeten Feindkräften. Sie mussten uns passieren, denn wir hatten den einzigen Weg Richtung KUNDUZ und somit den einzigen Weg Richtung ärztlicher Versorgung für den Feind unter Kontrolle. Misstrauisch, aber verständnisvoll ließen wir das Fahrzeug, nachdem es kontrolliert war, durch. Niemand zeigte Häme oder machte sich über den Feind lustig, gleichwohl wir alle in dem Moment uns ihm überlegen fühlen. Achtung vor menschlichem Leben ließ uns Mensch bleiben."[270]

Menschlichkeit ist ein wesentliches Element für Orientierung am Frieden auch während des Krieges. Sie ist zudem ein verlässlicher Indikator für Disziplin als einer für Soldaten unverzichtbaren Tugend. Im Einsatz in Afghanistan geht es nicht um das Töten möglichst vieler Gegner, sondern um Fortschritte, die sich auswirken auf die Sicherheit der im Einsatzgebiet lebenden Menschen und, als wünschenswerter Nebeneffekt, der eigenen Truppe. Es geht nicht um Gewöhnung an Krieg und Waffengewalt als Selbstverständlichkeit, sondern um das Beibehalten der Menschlichkeit und die Durchsetzung politischer, am Frieden orientierter Ziele.

In friedensethischen Konzepten steht zu Recht die Gewaltvermeidung im Vordergrund. Zu ihr gehört allerdings auch der richtige Einsatz von Gewalt für den guten Zweck des Friedens. In den akademischen Diskursen sowie der veröffentlichten Meinung spielt dieser für Soldaten und andere Sicherheitskräfte wichtige Aspekt höchstens eine Nebenrolle. Überhaupt wird dort der Stellenwert von Sicherheit deutlich geringer eingestuft als dies in der Bevöl-

---

[270] Stefan Schultze, Führen unter Feuer. In: Hans-Christian Beck, Christian Singer (Hrsg.), Entscheiden Führen Verantworten. Soldatsein im 21. Jahrhundert, Berlin 2011, S. 228-229.

kerung der Fall ist.[271] Hier liegen wohl auch die tieferen Wurzeln für die gefühlte fehlende Wertschätzung dessen, was Soldaten im Einsatz tun.

Der Grundwert Frieden spielt für Soldaten eine wichtige Rolle, ist aber in Zeiten des Krieges nicht selbstverständlich und muss – insbesondere auch als Bollwerk gegen den Krieg als Referenzrahmen – stärker gewichtet werden. Dazu gehört auch, die Erfolge der zivil-militärischen Zusammenarbeit (CIMIC) in den Bereichen von guter Regierungsführung und Wiederaufbau klar auch gegenüber den Soldaten zu kommunizieren. Hier besteht die Pflicht zur politischen Bildung auch im Einsatz, damit Klugheit das Handeln leiten kann. Dies ist nicht nur eine Aufgabe der Vorgesetzten, sondern auch eine von Politik und Gesellschaft.

Generalleutnant a.D. Glatz ist zuzustimmen, wenn er den Soldaten als „politischen Verantwortungsträger" im Einsatz bezeichnet – als Bürger, der wählt und sich an demokratischen Prozessen in Deutschland und Europa beteiligt, und als Soldaten, der in einem politischen Konflikt handelt. Wir haben ihn bisher zu stark als demokratieverträglichen Soldaten mit Wahlrecht und Wünschen verstanden. Auch im Einsatz trägt er politische Verantwortung unabhängig vom Dienstgrad. Und zwar weitaus konkreter, als dies im Kalten Krieg der Fall war. Dass dies viele Soldaten auch so sehen und praktizieren, unterstreichen die von mir ausgewerteten Einsatzberichte.

---

[271] Während der Auftaktsitzung der Theologisch-Ethischen Arbeitsgemeinschaft der Evangelischen Seelsorge in der Bundeswehr (ThEA) am 7./8. September 2016 wies Prof. Dr. Gerhard Wegner darauf hin, dass eine Studie zur Flüchtlingskrise die Bedeutung von Sicherheit für die Menschen unterstreicht, während dieses Thema in Politik und Kirche vernachlässigt werde (persönliche Aufzeichnungen des Autors; zur Studie siehe Petra-Angela Ahrens, Skepsis und Zuversicht. Wie blickt Deutschland auf Flüchtlinge?, Sozialwissenschaftliches Institut der Evangelischen Kirche in Deutschland, Hannover 2017).

Was bedeutet dies für unsere Frage nach dem guten Soldaten? Soldaten sind ‚strategische Gefreite' – unabhängig davon, ob sie dies erkennen und anerkennen bzw. sein wollen oder nicht. Auch wenn gegenwärtig die Bedeutung des Kampfes auf der kleinsten taktischen Ebene, nämlich der Gruppe und des Zuges, viele Diskussionen bestimmt, so gibt es Beispiele, die deutlich machen, dass Soldaten auch niedrigerer Dienstgrade wirklich wie ‚strategische Gefreite' denken und handeln. Soldaten wollen ihren Einsatz auch politisch verstehen, um ihr Tun an etwas Sinnvollem auszurichten. Dabei geht es nicht nur um allgemeine Fragen der Motivation, sondern auch des konkreten tatsächlichen militärischen Handelns. Dabei geht es nicht nur um die politischen Ziele (und die Ziele eines Gegners), sondern auch um innenpolitische Auseinandersetzung und bürokratische Machtverteilungskämpfe, die im Hintergrund wirken und sich auch auf die Einsätze auswirken. Auch wenn die Kenntnisse über Innere Führung bei den Soldaten und deren Akzeptanz eher gering sind – in ihrem konkreten Tun sowie in der Reflexion über ihr Tun sind deren Grundsätze und Inhalte präsent. Dass sie in ihren Erlebnisberichten auf Prinzipien und Grundsätze der Inneren Führung zurückgreifen, ohne diese explizit anzuführen, verdeutlicht einmal mehr, wie gering Kenntnisse darüber sind und wie gering ihre Akzeptanz ist.

Die hier angeführten Einsatzberichte weisen zudem auf eine mögliche Erklärung des unerwarteten Befundes hin, wonach die Akzeptanz der Inneren Führung nicht durch die Teilnahme an Einsätzen sinkt. Es ist das Gefühl bei den Soldaten, im Einsatz Entscheidungen getroffen zu haben, mit denen sie auch später vor ihrem Gewissen bestehen und sogar öffentlich darüber berichten können.[272]

---

[272] Siehe dazu das Koblenzer Entscheidungsmodell in Hans-Christian Beck, Christian Singer (Hrsg.), Entscheiden-Führen-Verantworten. Soldatsein im 21. Jahrhundert, Berlin 2011, S. 84-94.

V Zusammenfassung in Thesen

Ein Kompass ist ein wichtiges Hilfsmittel zur Orientierung – im Gelände genauso wie im weiten Feld der Ideen und Gedanken, mit denen Menschen ihr Selbstverständnis erarbeiten. Der Kompass, den ich hier anbiete, trägt anstelle der vier Himmelsrichtungen die Namen von Platon, Cicero, Machiavelli und Luther. Geht der Soldat in Richtung Platon, sollte er um die Gefahr wissen, dass er dem Zauber einer unangreifbaren Ideologie erliegt, für die er nur ein kleines Rädchen im großen Getriebe ist. Er ist ein Geführter ohne jegliche Verantwortung. Diese liegt allein bei den Regierenden. Dreht die Kompassnadel in Richtung Machiavelli, dann steht hinter dem soldatischen Dienst nicht die schöne Versuchung einer perfekten Welt, sondern der harte Kampf um Machterhalt um jeden Preis. Loyalität wird von ihm gefordert, das ethisch Gute tritt hinter das realpolitische Kalkül zurück. Ciceros Richtung weist den Soldaten auf seine staatsbürgerliche Verantwortung gerade auch als Soldat hin. Demokratien sind immer gefährdet, auch von innen. Soldaten sind ein wichtiger Beschützer der politischen Ordnung. Bewegt sich die Kompassnadel in Richtung Luther, dann kommt immer mehr die persönliche Verantwortung des Einzelnen zum Vorschein. Auch wenn sein von einer weltlichen Obrigkeit gegebenes Amt seinen Gehorsam fordert, so bleibt er doch immer ein freies und daher verantwortliches Subjekt. Dies ist die Grundlage dafür, dass er gern Soldat sein darf und sein auch gewaltsamer Beitrag zum Frieden wertgeschätzt wird. Die sich an Cicero und Luther orientierende europäische Geistesgeschichte ist in die ursprüngliche Konzeption der Inneren Führung eingeflossen. Es kommt darauf an, diese wieder freizulegen, in einem breiten Diskurs zu vermitteln und dabei auch weiter zu entwickeln.

Ich wählte für mein Buch nicht den Titel „Innere Führung", sondern „Der gute Soldat". Die Gründe dafür sind vielfältig: Deutschland muss und will mehr sicherheitspolitische Verantwortung übernehmen. Die Bundeswehr befindet sich aufgrund der Parallelität von Bündnisverteidigung und internationalem Krisenmanagement erneut im Umbruch. Deutschland braucht mehr Soldaten und muss junge Menschen anwerben und die altgedienten Soldaten bei der Stange halten. Gleichzeitig schicken sich gewisse politische Kräfte auch im Inneren unseres Landes an, Soldaten zu verführen und auf ihre Seite zu ziehen. Grundlegende Antworten auf die Frage, was einen guten Soldaten heute ausmacht, sind daher ein wichtiger Beitrag zur Motivation, aber auch zur ‚geistigen Rüstung' bzw. Resilienz. Der Begriff der Inneren Führung ist dafür weniger geeignet, weil er gegenwärtig nicht das Interesse weckt. Weder bei Soldatinnen und Soldaten noch bei Bürgerinnen und Bürgern. Dies gilt erst recht für die Jüngeren. Anders sieht es mit dem Begriff der Ethik aus. Meine persönlichen Erfahrungen haben mich gelehrt, dass das Streben nach dem Guten die Menschen anspricht, ihr Interesse weckt und als wichtiger Maßstab für eigenes Handeln hohe Akzeptanz findet. Dass in der Inneren Führung sehr viel Ethik drin ist und dass sie in ihrem Kern ein Kraftpaket zur Steigerung von Resilienz ist, weiß heute kaum jemand mehr.[273]

---

[273] Zur Ethik in der Inneren Führung siehe Angelika Dörfler-Dierken, Ethische Fundamente der Inneren Führung. Berichte des Sozialwissenschaftlichen Instituts der Bundeswehr Nr. 77, Strausberg 2005. Die meisten Publikationen zur Ethik des Soldaten sind von Protagonisten der Inneren Führung verfasst. Wenn Michael Wolffsohn in einem Artikel zum Traditionsverständnis der Bundeswehr (Du sollst nicht morden. In: FAZ vom 27. November 2017, S. 6) ein Plädoyer für die Erarbeitung eines ethischen Kodex verfasst, so ist dem grundsätzlich zuzustimmen. Die meisten der von ihm aufgeworfenen Fragen werden jedoch bereits in der Gedankenwelt der Inneren Führung gestellt und beantwortet. Dass die u.a. von Angelika Doerfler-Dierken, Hartmut von Schubert, Volker Stümke, Matthias Gillner, Klaus Ebeling und den zahlreichen Angehörigen der Evangelischen und Katholischen Militärseelsorge vorangebrachte ethische Debatte weder in der Bundeswehr

Zum Schluss möchte ich meine wesentlichen Erkenntnisse thesenartig zusammenfassen:
1. **Das Bild des guten Soldaten spiegelt das Verständnis des Krieges wider.** So wie seine historisch veränderlichen Erscheinungsformen zur Natur des Krieges gehören, so ändert sich auch das Bild des Krieges, das die Menschen in ihren Köpfen haben. Die Erscheinungen des Krieges unterliegen einem beständigen Wandel. Dieser Wandel kann intellektuell am besten durch einen breit angelegten wissenschaftlichen und öffentlichen Diskurs über Fragen von Krieg und Frieden erfasst werden. Hierin liegt auch der Vorteil von demokratischen Staaten und offenen Gesellschaften gegenüber autoritativen Staaten und geschlossenen Gesellschaften. Diskurse tragen dazu bei, dass die Erziehung, Bildung und Ausbildung der Soldatinnen und Soldaten von Streitkräften den Anforderungen künftiger Kriege, Konflikte und Krisen genügen. Ein möglichst breiter Diskurs unter Einbeziehung der Soldatinnen und Soldaten trägt dazu bei, dass die Politik sicherheitspolitisch relevante Entscheidungen nicht ohne Berücksichtigung der Natur des Krieges und seiner jeweiligen Erscheinungsformen trifft. Er ist auch Grundlage für ein möglichst aufgeklärtes Kriegsbild in den Köpfen der Bürgerinnen und Bürger eines Landes, das oftmals durch die Erfahrungen des letzten Krieges oder besonders schrecklicher Kriege charakterisiert ist und das Verständnis neuer Entwicklungen behindert.

---

noch in der Gesellschaft ausreichend bekannt ist, zeigt erneut, wie wichtig es ist, dass Angehörige der Bundeswehr sich stärker öffentlich äußern, dass didaktische Analysen und darauf aufbauend eine Bildungsreform erforderlich sind, und dass sich Vorgesetzte aller Ebenen stärker um die Vermittlung der Inneren Führung kümmern müssen.

2. **Das Bild des guten Soldaten steht im Brennpunkt der demokratischen zivil-militärischen Beziehungen.** Es gibt vor, wie Soldaten sich gegenüber Politik und Gesellschaft verhalten. Dementsprechend haben Politik und Gesellschaft ein großes Eigeninteresse an den Inhalten militärischer Dokumente, in denen das Bild des guten Soldaten skizziert wird. Ob und wie Politik und Gesellschaft sich dafür interessieren und aktiv engagieren, ist Ausdruck der politischen Kultur eines Landes. In Demokratien haben Politik und Gesellschaft ein existentielles Interesse daran, dass Soldatinnen und Soldaten und dabei vor allem die militärische Elite die demokratische Verfasstheit ihres Staates schützen und dadurch verhindern, dass diese selbst zu einem Spielball innenpolitischer Auseinandersetzungen werden oder sie sogar antidemokratische Strömungen aktiv unterstützen. Es ist eine Frage des Vertrauens, inwieweit die Debatte über Fragen des soldatischen Selbstverständnisses der Selbstführungsfähigkeit von Soldaten überantwortet oder unter die Kuratel einer strikten zivilen Kontrolle gestellt wird. Wie Soldaten mit den Erwartungen von Politik und Gesellschaft an sie umgehen, ist Teil der militärischen Kultur. Im Idealfall gibt es eine große Schnittmenge zwischen der politischen Kultur eines Landes mit dem Selbstverständnis und der Führungskultur seiner Streitkräfte. Zum Bild des guten Soldaten gehören daher auch Antworten auf die Fragen nach seinen politischen Rechten, nach der Berücksichtigung seiner Expertise in politischen Entscheidungen, nach seiner Beteiligung in öffentlichen Debatten, nach der Berücksichtigung politischer Entscheidungen in seinem militärischen Handeln und schließlich nach seinen politischen Einstellungen. Da Soldaten Wertschätzung benötigen, um sich im Krieg bzw. Einsatz den besonderen Herausforderun-

gen an Geist und Körper stellen zu können, umfasst das Bild des guten Soldaten auch Orientierungen, wie er seine berechtigten Interessen sowie die aus der Natur des Krieges resultierenden Eigentümlichkeiten von Selbstverständnis und Führungskultur begründet und an Politik und Gesellschaft heranträgt. Das Bild des guten Soldaten spiegelt damit nicht nur das soldatische Selbstverständnis, sondern auch die politische Kultur in einem Land wider.

3. **Staatsbürgerliche Einstellungen bilden das Zentrum der Kraftentfaltung des guten Soldaten.** Die Quelle der Motivation von Soldaten ist ein wichtiger Faktor für die politische Kultur eines Landes und das Selbstverständnis seiner Streitkräfte. In Demokratien liegt diese nicht so sehr in der Person des Regierenden oder des das Vaterland rettenden Heerführers und schon gar nicht des ewigen, über dem Bürger stehenden Kriegers, sondern in den Werten, denen Politik und Gesellschaft verpflichtet sind. In den jüngsten Einsätzen der Bundeswehr sind zahlreiche Ereignisse dokumentiert, die beispielhaft zeigen, wie die in staatsbürgerlichen Einstellungen verankerten Werte das Handeln von Soldaten auch im Gefecht geleitet haben. Die politische Kultur eines Landes sowie die Tradition in Streitkräften können Soldaten darin bestärken, Werte und Normen zu verinnerlichen und darin das Zentrum ihrer Kraftentfaltung zu entdecken. Verantwortungsdiffusion, Absicherungsdenken, Managementtechniken und Bürokratismus verhindern dagegen, dass Tugenden zu Energiezentren für die gesamten Streitkräfte werden. Das Bild des guten Soldaten bestimmt damit auch Fragen der Organisation und Führung. In bester deutscher Militärtradition standen dafür der Begriff des gebildeten Soldaten sowie der Erziehungsauftrag von Vorgesetzten.

4. **Soldatinnen und Soldaten vertreten ihre berechtigten Interessen nach den Spielregeln der Demokratie.** Der gute Soldat verlässt sich nicht darauf, dass ein patriarchalischer oder autoritärer Staat ihm Sonderrechte verleiht. Gerade die Entwicklungen in den USA seit 1991 zeigen die Gefahren für die Demokratie auf, wenn Sonderrechte von Soldaten und ihr elitäres Überlegenheitsgefühl zu einer Immunisierung vor Kritik führen und kontroverse sicherheitspolitische Debatten behindern. Der Soldat, der seine Kraft aus dem Bewusstsein staatsbürgerlicher Verantwortung zieht und den Grundwert Frieden zum Orientierungspunkt seines Handelns in Krieg und Frieden nimmt, wendet sich gegen Tendenzen zur Etablierung einer ‚heroischen Gemeinschaft'. Er weiß, dass eine selbstgewählte Isolation falsches elitäres Denken fördert, Kritik und Selbstkritik reduziert, erzieherische Wirkungen aus dem politischen Diskurs und einer offenen Gesellschaft behindert und die naturgegebenen Spannungen in den demokratischen zivil-militärischen Beziehungen unnötig auflädt. Er ist sich der damit einhergehenden Gefahren eines Missbrauchs von Streitkräften bewusst. Und er ist sich im Klaren, dass für heroische Gemeinschaften Krieg vor allem ein auf den militärischen Sieg ausgerichteter Kampf ist, der der Natur des Krieges mit seiner historisch bedingten Erscheinungsvielfalt bei weitem nicht gerecht wird. Staatsbürgerliches Bewusstsein und aktive Beteiligung an demokratischen Prozessen schließt auch die gern genutzte Hintertür, über Bürokratie und Multinationalität politische Entscheidungsspielräume in sicherheitspolitischen Fragen einzuschränken. So paradox es erscheinen mag: Die Integration des Soldaten in Politik und Gesellschaft ermöglicht ihm erst strategisches und ein der Natur des Krieges angemessenes Denken und Handeln.

5. **Im Bild des guten Soldaten müssen die Tugenden des Kämpfers an die Güte des Staatsbürgers gekoppelt sein.** Politische Zwecke und militärische Ziele im Einsatz zu erreichen geht nicht ohne Sekundärtugenden. Die Natur des Krieges macht diese erforderlich. Sie sind unverzichtbar für die Schlagkraft der Truppe insgesamt sowie das Überleben des einzelnen Soldaten im Gefecht. Sie sind auch wichtig für Politik und Gesellschaft. Denn sie tragen dazu bei, dass der politische Zweck sich bis auf unterste Führungsebenen durchzieht und dort trotz Gefahr und körperlicher Anstrengungen umgesetzt wird. Eine Truppe ohne kriegerische Tugend könnte zudem einen Gegner zu Fehlkalkulationen verleiten. Sekundärtugenden wie Disziplin, Durchhaltevermögen, Mut und Entschlossenheit sind auch wichtig, um überzogenes Handeln und den unverhältnismäßigen Einsatz von Gewalt zu vermeiden. Dies ist im Interesse auch der Streitkräfte sowie jedes einzelnen Soldaten. Eine gute militärische Ausbildung ist dafür die Grundlage. Diese Kopplung von Primärtugenden wie Klugheit und Tapferkeit mit Sekundärtugenden ist nicht nur eine Lehre aus dem Zweiten Weltkrieg, sondern aus der gesamten europäischen Geistesgeschichte, die bis in die Antike zurückverfolgt werden kann. Sie ist nicht spezifisch deutsch und sollte daher nicht allein auf die Sondersituation der militärischen und moralischen Niederlage 1945 zurückgeführt werden. Die berechtigte Forderung nach einer stärkeren Berücksichtigung des Kämpfenkönnens und -wollens im Bild des Soldaten darf nicht zur Verschiebung von Prioritäten unter den Tugenden führen. Oberste Priorität behält die Tugend der Klugheit.

6. **Das Bild des guten Soldaten ist im Dialog immer wieder neu zu begründen.** Es gibt nicht *das* Bild des

Soldaten. Dies zeigt ein Blick in die Geschichte. Innerhalb von Streitkräften gab es schon immer kontroverse Debatten darüber, welches Selbstverständnis den künftigen Herausforderungen des Soldatenberufs am besten genügt. Diese Debatten sind überaus wichtig und sie sollten auf Politik und Gesellschaft ausgeweitet werden. Sie sind ein ständiger Begleiter von Armeen, die sich aufgrund des Wandels von Krieg und Kriegsbildern selbst in einem permanenten Veränderungsprozess befinden. Es ist allerdings ratsam, dabei eine ideologiekritische Brille aufzusetzen. Denn häufig spielen Machtinteressen von Teilstreitkräften und Truppengattungen oder das Karrierekalkül einzelner Personen eine ausschlaggebende Rolle. Zudem sind Entscheidungen über den Anforderungskatalog an Soldaten nicht allein Sache des Militärs. Der Bürger will wissen, „wie der Landser tickt". Denn Kriege können aufgrund der ihnen innewohnenden Tendenzen eskalieren. Sie werden immer stärker auf Kosten der Bevölkerung ausgetragen. Dialog ist eine wesentliche Voraussetzung für den Aufbau von Vertrauen in den demokratischen zivil-militärischen Beziehungen. Wagenburgmentalitäten mit Dolchstoßlegenden, muffige Kasernenmilieus oder elitäre Selbstabgrenzungen auf Kosten der Gesellschaft untergraben den Dialog und gefährden vertrauensvolle zivil-militärische Beziehungen. Der gute Soldat weiß, dass das Vertrauen von Politik und Gesellschaft in die Streitkräfte unverzichtbar ist, um im kriegerischen Handeln als einer „Bewegung im erschwerenden Mittel", das maßgeblich vom Zufall mitbestimmt wird, verantwortlich handeln zu können.

7. **Die Innere Führung, die das Bild des guten Soldaten zum Ausdruck bringt, befindet sich in einem bedauernswerten Zustand.** Kenntnis und Akzeptanz bei Soldatinnen und Soldaten sowie in Politik

und Gesellschaft sind ungenügend. Ihr Niedergang scheint unaufhaltsam zu sein, was nicht zuletzt daran liegt, dass es unter Soldatinnen und Soldaten genauso wie unter Bürgerinnen und Bürgern schick ist, Innere Führung zu diskreditieren. Manche hohen Vorgesetzten wollen nicht in den Ruf kommen, Freunde der Inneren Führung zu sein. Einige bedienen sich ihrer Sprache für ich-bezogene Zwecke und tragen damit ebenfalls zu ihrer Diskreditierung bei. Der Kern des Bekanntheits- und Akzeptanzproblems liegt nicht in ihren Inhalten, sondern in der didaktischen Vermittlung dieser Konzeption. Eine umfassende Analyse der Wirksamkeit Innerer Führung ist zwingend erforderlich. Die Rolle von Vorgesetzten sollte dabei genauso in den kritischen Blick genommen werden wie die Rahmenbedingungen für die politisch-historische und ethische Bildung und ganz besonders auch die (Selbst-) Beschränkungen einer Beteiligung von Soldaten an öffentlichen Debatten. Die Untersuchung sollte allerdings nicht nur die Defizite der Umsetzung diagnostizieren, sondern auch positive Beispiele herausstellen. Ganz wichtig ist es aufzuzeigen, wo Innere Führung praktiziert wird, ohne dass Soldatinnen und Soldaten dies wissen. Vor allem die Veröffentlichungen von Soldaten über ihre Erfahrungen in den Auslandseinsätzen zeigen, dass sie sehr wohl ein klares Verständnis vom guten Soldaten im Sinne der Inneren Führung haben, auch wenn deren Autoren die Innere Führung in den allermeisten Fällen nicht einmal erwähnen. Für eine bundeswehrweite und auch Politik und Gesellschaft integrierende Initiative zur Vermittlung von Innerer Führung sind dies gute Voraussetzungen. Um die Bedeutung der Inneren Führung für das Bild des guten Soldaten zu unterstreichen, sollten drei ihrer Prinzipien deutlich herausgestellt werden: (1) Das von jedem Soldaten geforderte Mitdenken auf der strategischen Ebene, das im Leitbild des ‚Staatsbürgers in Uniform' ebenso zum Ausdruck kommt wie im ‚Führen mit Auftrag' und dem ‚wirkungsorientierten Denken' der Truppenführung. (2) Die Bedeutung des gebildeten Soldaten, der aus freiem Gehorsam handelt, seine eigene Persönlichkeitsentwicklung für das Bestehen im Krieg und für die kritisch-konstruktive Gestaltung zivil-militärischer Beziehungen als harte Arbeit an sich selbst sieht und anderen dabei hilft. (3) Die Verantwortlichkeit des Einzelnen für sein Denken und Handeln, die auch darin zum Ausdruck kommt, dass er die Innere Führung nicht als ein autonomes, matrixähnliches System versteht, das ihm Verantwortung abnimmt, sondern als eine Energiequelle für sich selbst und letztlich für die Streitkräfte insgesamt. Die Realität in der heutigen Bundeswehr ist von diesen Prinzipien weit entfernt. Die Fokussierung der Debatten über Selbstverständnis, Führungskultur und Tradition auf die ‚Generation Einsatz' hat die Dominanz des taktisch-operativen gegenüber dem strategischen Denken weiter verstärkt und die Bedeutung staatsbürgerlicher Tugenden auch für den Einsatz relativiert. Persönlich wahrgenommene Verantwortung ist durch bürokratische Prozesse und ein diesen angepasstes Denken und Handeln weithin ersetzt worden. Damit wurde ein seit Jahrzehnten bestehender Trend, der der Natur des Krieges genau so wenig wie vertrauensvollen zivil-militärischen Beziehungen angemessen ist, enorm verstärkt. Anspruchshaltungen und bei Vorgesetzten vor allem der Verlust des Erziehungsauftrags haben die Vorstellung, dass Tugenden Energiezentren sind, verkümmern lassen. Dabei wären diese drei aufgeführten Prinzipien angesichts der Komplexität gegenwärtiger und künftiger Kriege, Konflikte und Krisen wichtiger

denn je. Ohne eine revitalisierte Innere Führung, die von Vorgesetzten vorgedacht, vermittelt und vorgelebt sowie von Politik und Gesellschaft engagiert-kritisch begleitet wird, bliebe das Bild des guten Soldaten unvollständig und irreführend.
8. **Traditionsverständnis und Traditionspflege in der Bundeswehr nutzen nicht ihr Potenzial für die Vermittlung des Bildes vom guten Soldaten.** Viele Angehörige der Bundeswehr sehen Tradition als Last, an der man sich verheben kann. Sie erkennen daher nicht ihre Bedeutung für die Erziehung bzw. Bildung von Soldaten. Der neue Traditionserlass bietet mehr Handlungssicherheit für Vorgesetzte, indem er mit deutlichen Worten Wehrmacht und NVA als nicht traditionswürdig ausgrenzt. Gleichzeitig aber reduziert er die freiheitlichen Elemente im bisherigen Bild des Soldaten. Die deutsche Militärtradition, Soldaten Ermessensspielräume zu geben, weil dies der Natur des Krieges angemessen ist, wird durch den neuen Traditionserlass wenn auch nicht beendet, so doch deutlich eingeengt. Ohne den Hinweis, dass Tradition letztlich eine persönliche Entscheidung eines freien Menschen ist, und ohne die Aufforderung, das eigene Selbstverständnis im Dialog auch mit Politik und Gesellschaft zu festigen, werden Gewissensautonomie und Staatsbürgertum deutlich beschränkt. Er ist ein abermaliger Ausdruck für den Rückzug der Inneren Führung als einer Selbstführungsfähigkeit, bei der die politische Verantwortung im Zentrum der persönlichen Kraftentfaltung steht. Es zeigt aber auch, dass die erforderliche Balance zwischen den Erwartungen von Politik und Gesellschaft mit dem Bedarf der Truppe nur hergestellt werden kann, wenn Bildung, Selbstverständnis und Führungskultur die Soldaten aller Dienstgrade befähigen, sich für ihre berechtigten Belange einzusetzen.

9. **Der gute Soldat durchdringt Krieg mit seinem ganzen Verstande.** Krieg ist äußerst komplex und darf auf keiner Führungsebene auf das taktische Geschehen des Gefechts oder die kinetische Wirkung von Geschossen reduziert werden. Der Soldat sieht diese Komplexität als persönliche Herausforderung und versteht Bildung daher als lebenslange, harte Arbeit an sich selbst. Dabei nutzt er die Möglichkeiten, die ihm Politik, Gesellschaft und Militär zur Verfügung stellen. Und er kritisiert, wo er Defizite sieht. Vorbilder sucht er nicht nur bei den Kämpfern, sondern auch bei den Denkern; nicht nur von der Front, sondern auch aus der Etappe. Durch die Auswahl von Vorbildern vermeidet er jede Ausgrenzung von anderen – seien es Soldaten anderer Teilstreitkräfte oder Truppengattungen, Einsatzsoldaten, die in Feldlagern bleiben, oder zivile Mitarbeiter. Zusammenhalt ist ein wesentlicher Faktor von Kampfkraft im Krieg ebenso wie im geistigen Kampf um Demokratie und Freiheit. Es ist eine wesentliche Aufgabe von Vorgesetzten im Offiziersrang, die Komplexität des Krieges im Allgemeinen und von Einsätzen im Besonderen für die ihnen unterstellten Soldaten verständlich zu machen und für diese als Mittler zu höheren Vorgesetzten sowie zu Politik und Gesellschaft zu dienen.

10. **Dokumente wie Vorschriften und Erlasse, in denen das Bild des Soldaten skizziert wird, müssen nicht geglättet sein.** Dies widerspräche dem Geist der Inneren Führung, die von Spannungen und Widersprüchen in den zivil-militärischen Beziehungen ausgeht, diese verständlich und, wo immer möglich, ertragbar machen will. Wenn der Dialog ein zentrales Element der zivil-militärischen Beziehungen in Demokratien ist, dann sollte Herfried Münklers Hinweis, Stolpersteine zu setzen, damit man daran erinnert

wird, Beachtung finden. So ist die Betonung des Kampfes ein Stolperstein für eine postheroische Gesellschaft, während die Neubegründung des Leitbildes vom ‚Staatsbürger in Uniform' manche Soldaten innehalten lässt. Die Wirkung können die Stolpersteine allerdings erst entfalten, wenn die Dialogbereitschaft gegeben ist und Gespräche gesucht und geführt werden. Hier zeigt sich eine wichtige Aufgabe der Inneren Führung, die darin besteht, das Im-Gespräch-Bleiben zu erleichtern. Dieses Buch will dazu einen Beitrag leisten.

11. **In der deutschen Militärtradition seit dem 19. Jahrhundert ist der gebildete Soldat Idealtypus des guten Soldaten.** Diese Tradition geht ganz wesentlich auf die Analyse der Natur des Krieges zurück. Auftragstaktik ist nur möglich mit Soldaten, die über ihr Handwerk hinaus gebildet sind, um im Krieg als „Bewegung im erschwerenden Mittel" aus sich selbst heraus Entscheidungen zu treffen. In Demokratien ist der gebildete Soldat immer auch der politisch gebildete Soldat. Auftragstaktik ist hier Führen mit (politisch und rechtlich) begründetem Auftrag. Der Erziehungsauftrag fordert Vorgesetzte auf, die Bildung ihrer Soldaten weitest möglich und gezielt zu fördern. Dazu gehört auch, Gespräche innerhalb der Streitkräfte, aber auch mit Politik und Gesellschaft zu fördern und eine partnerschaftliche Gesprächskultur zu entwickeln. Innere Führung ermöglicht nicht zuletzt durch demokratische Gestaltung der zivil-militärischen Beziehungen, dass der Soldat sich umfassend bilden und dies als Grundlage für sein geistiges Durchdringen des Krieges nutzen kann. Nur so gewinnt er die erforderliche strategische Denkhöhe und vermeidet, taktisch-operatives Denken absolut zu setzen. Nur so erreicht er die geistigen Voraussetzungen für eine Integration in die Ge-

sellschaft, die auf Vertrauen und Diskurs beruht. Die Bildung des Soldaten dient also nicht nur der späteren Integration in das zivile Berufsleben. Die in die Bundeswehr übernommene Tradition der „Versöhnung von Bürger und Soldat" muss wieder stärker betont werden, weil sie die Grundlage für Vertrauen in die zivil-militärischen Beziehungen, für ein umfassendes Verständnis des Krieges sowie für die „kriegerische Tugend" der Streitkräfte ist.

12. **Die Debatte über das Bild des guten Soldaten spiegelt die Gesprächskultur innerhalb der Bundeswehr wider.** Das Bild des guten Soldaten wird immer kontrovers bleiben. Daher sollte die Debatte darüber als ein Teil der soldatischen Tradition, aber auch der politischen Kultur bewusst gepflegt werden. Debatten sollten weder von persönlichen Verunglimpfungen noch von Machtinteressen wie beispielsweise der Wertsteigerung der eigenen Truppengattungen charakterisiert sein. Gleichwohl wird dies immer eine Rolle spielen. In der Diskussion ist daher eine (ideologie-)kritische Grundauffassung wichtig.

13. **Der gute Soldat trägt aktiv zur konzeptionellen Weiterentwicklung und praktischen Umsetzung der Inneren Führung und des Traditionsverständnisses der Bundeswehr bei.** Der gute Soldat nutzt die ihm gewährten Freiräume, um konstruktive Kritik an der Inneren Führung zu üben. Er ist einem Nachdenken über grundlegende Reformen im Selbstverständnis und in der Führungskultur der Streitkräfte aufgeschlossen. Er weiß, dass er bei neuen Akzentsetzungen um Unterstützung werben muss – innerhalb der Streitkräfte und auch in Politik und Gesellschaft. Er verfügt über Zivilcourage, um heikle Themen, die Abwehrreflexe auslösen könnten, zur Diskussion zu stellen und sich selbst zu positionieren.

Dank

Ich danke dem Evangelischen Kirchenamt für die Bundeswehr für die Inspiration zu diesem Buch. Es beruht auf einem Vortrag, den ich während einer Offiziersrüstzeit in Wittenberg im Oktober 2016 gehalten habe. Das mir gestellte Thema hat mich seitdem nicht mehr losgelassen.

Ich danke Generalmajor a.D. Gerhard Brugmann, Oberst i.G. Reinhold Janke und Oberstleutnant a.D. Gustav Lünenborg für die Durchsicht und die hilfreichen Verbesserungen des Manuskripts. Ich freue mich, den dadurch entstandenen intensiven Gedankenaustausch fortzusetzen.

Erneut haben meine beiden Mentoren, Prof. Dr. Claus von Rosen und Prof. Dr. Donald Abenheim, mich inspiriert, motiviert und in meinen Gedanken geleitet. Herzlichen Dank dafür.

Meiner Frau Carola Hartmann danke ich, dass sie mit Argusaugen Tippfehler gefunden und mich immer wieder aufgefordert hat, meine Gedanken klarer und verständlicher zu formulieren.

Für alles, was nach intensiven Gesprächen in diesem Buch steht, trage ich allein die Verantwortung.

Schriften von Uwe Hartmann im
Carola Hartmann Miles-Verlag

Uwe Hartmann, *Carl von Clausewitz and the Making of Modern Strategy*, Berlin 2002.

Uwe Hartmann, *Innere Führung. Erfolge und Defizite der Führungsphilosophie für die Bundeswehr*, Berlin 2007.

Uwe Hartmann (ed.), *Connecting NATO. NCSA under the Leadership of Lieutenant General Ulrich H. Wolf*, Berlin 2009.

Uwe Hartmann, *War without Fighting? The Reintegration of Former Combatants in Afghanistan seen through the Lens of Strategic Thought*, Berlin 2014.

Uwe Hartmann (Hrsg.), *Lernen von Afghanistan. Innovative Mittel und Wege für Auslandseinsätze*, Berlin 2015.

Uwe Hartmann, *Hybrider Krieg als neue Bedrohung von Freiheit und Frieden. Zur Relevanz der Inneren Führung in Politik, Gesellschaft und Streitkräften*, Berlin 2015.

Uwe Hartmann, *NATO's Adaptation. Challenges and Opportunities*, Berlin 2017.

Seit 2009 ist Uwe Hartmann Mitherausgeber der im Miles-Verlag erscheinenden **Jahrbücher Innere Führung**. Zuletzt gab er zusammen mit Claus von Rosen das *Jahrbuch Innere Führung 2017. Die Wiederkehr der Verteidigung in Europa und die Zukunft der Bundeswehr*, Berlin 2017, heraus.

www.miles-verlag.jimdo.com